一頁 folio

始于一页，抵达世界

[日]
九鬼周造
阿部次郎
——著

日本色气

日本色気

王向远
——译

北京联合出版公司

日本美学关键词

日本美学キーワード

縞紋着物

竖条纹和服

日本色気

竖条纹之所以比横条纹更具有"意气"的情趣，是因为它更明了地表现出了作为平行线的二元性，同时又更具有一种轻巧精粹的意味。

© 绘者：月冈芳年（1839—1892）

意気色

意气色

哪些颜色是"意气"的呢?答案一定是某种意义上带有黑的色调。
能称得上是"意气"的色彩,往往是一种伴有华丽体验的消极残像。
我们的灵魂在体味过暖色的兴奋后,终于在作为补色与残像的冷色中归于平静。

日本色气

© 绘者:小田富弥(1895—1990)

江戸風俗絵

江户风俗画

江户时代的歌谣与浮世绘充满了内在的激情与活力，是从最深处奔涌而出的一种东西。人们可以从那幽暗的光亮中，感受到温暖、柔情和安慰。

©绘者：鸟居清长（1752—1815）

日本色気

江户風俗绘

[江户风俗画]

日本色气

© 绘者：鸟居清长（1752—1815）

江户时代的平民文艺充满活力,但缺少教养;既为蝇头小利而争斗,也顾忌着不去触犯武士精神;既感到权力下的压抑,又有自强意识;既服膺于心学这一当时正统的哲学思想,又奉行肤浅的 Synkretismus(妥协主义)。

舞子

舞妓

日本色気

年轻时无色，就没有青春朝气；年老时无色，就会黯淡而乖僻。世间所谓"色气"者，就是对所喜所爱的追求，并不单单是淫欲。士无色不招人眼，农无色不生嘉禾，工无色不显手巧，商无色没有人缘，天地间若无色，则昏天黑地、死气沉沉。

吉原

吉原

"恶所"的花朵却见不得阳光,它之所以拥有不可思议的美,一是因为它是由心产生的对于美的非一般的追求,二是因为心的表现的欲求在其他方面都被堵塞了,因而不得不全部倾注于此。

© 绘者:歌川国贞(1786—1865)

日本色气

吉原

游里作为一种文化创造的势力必然走向死灭。而留下的,只有对美好的过去的回忆,对没落现实的惋叹,还有那些表现在卖身的苦海中挣扎、为追求真诚爱情而呼唤的绝望的、充满忧愁的歌舞戏曲。

◎ 绘者:鸟文斋荣之(1756—1829)

这个特殊世界的虚幻，是因为在那里找不到一个完全意义上的人，在他们发出的叹息中，都或浓或淡地带有忧郁的阴影，而只有这美妙的忧愁的阴影，才成为江户时代以游廊为背景的文学艺术得以探求人生、打动人心的唯一的津梁。

这是一个自他融合的世界，是一个依附他人、顺从他人而又使自己更生的世界。放下心来在这个世界中自由自在地畅游，才是真正的"游"、真正的快乐。

大奥

大奥

日本色気

在妩媚、坦然的微笑中,在真诚的热泪流过之后的泪痕中,才能看出"意气"的真相。"意气"的"谛观"或许就是从烂熟的颓废中产生出来的。

©绘者:杨洲周延(1838—1912)

那些"因恋爱而变得憔悴、可怜乃至愚痴"并且不能自拔的男女,就像绚烂开放的樱花一样,双双情死,香消玉殒。他们满足于一边听着三味线伴奏一边沉湎于死亡的想象中,他们在恋爱与生命的中途消失了。

江戸城

江户城

町人无论在社会上实力有多大,但政治上和法律上却没有任何能够保障的权利,在统治阶层随时都有可能砍来的屠刀之下,他们能够发泄自己的郁闷、能够寻找到温柔乡的地方,就只有吉原那块"社会外的社会"了。

日本色气

沟口健二

沟口健二（1898—1956），日本著名导演，被称为女性电影大师。

其电影作品中有着独特的东方意涵与女性关怀，尤其擅长拍摄那些充满"意气"的女性角色，有强烈新写实主义和女性主义色彩。《西鹤一代女》为其代表作品，正是改编自井原西鹤以"游女"为主角的小说《好色一代女》。

日本色気

西鹤一代女

井原西鹤 原著
沟口健二 导演

日本色気

一切的色道恋路，都要具备两种最根本的东西，那就是仿佛可以永远延续的可怜之心和可爱之情。

无常驱动着人们去享乐,无常像朝霭夕雾一样自始至终笼罩在恋爱之上。一寸之前是黑暗,性命就在露水间,浮世难测明天事,只管一路往前赶。

西鶴一代女

井原西鶴 原著
沟口健二 导演

所有的爱恋，都是悲哀，都是无常，都是梦魇，都是虚幻。

日本色气

目录

导读

"恶所"中开出的绚丽之花　　1

"意气"的构造　　九鬼周造

一　生于民族的语言：意气的产生　　4

二　淡茶褐色的"意气"　　12

三　意气的四个对应面　　22

四　色气之身　　38

五　竖条纹与鼠灰色　　48

六　趣味五感　　70

德川时代的文艺与社会　　阿部次郎

有底力的江户文艺　　87

"士农工商"与町人的胜利　　90

两处"恶所":戏院与游里	111
藤本箕山与《色道大镜》	120
游里中的胜利者	145
柳泽淇园及其《独寝》	164
游里的崩溃	182
情色的推移与笑话	191
恋爱的地狱:立嗣有后	202
井原西鹤及其《好色一代男》	220
井原西鹤与好色文化	233

| 译后记 | 248 |

导读

"恶所"中开出的绚丽之花

王向远

江户时代近二百七十年间社会安定,文化重心由乡村文化转向城市文化,城市人口迅速扩张,商品经济繁荣,市民生活享乐化,导致市井文化高度发达。有金钱而无身份地位的新兴市民阶层(町人)们努力摆脱僵硬拘谨的乡野土气,追求都市特有的时髦、新奇、潇洒、"上品"的生活,其生活品位和水准迅速超越了衰败的贵族、清贫而拘谨的武士,于是,町人取代了中世时代由武士与僧侣主导的文化,成为极富活力的新的城市文化的创造者。如果说,平安文化中心在宫廷,中世文化的中心在武士官邸和名山寺院,那么江户时代市民文化的核心地带则是被称为"游廓"或"游里"的妓院,还有戏院——"游里"自不必说,当时的戏院也带有强烈的情色性质。正是这两处被人称为"恶所"的地方,却成了时尚潮流与新文化的发源地,成为"恶之花""美之草"的滋生园地。

游里按严格的美学标准,将一个个游女(妓女)培养为秀外慧中的女生楷模,尤其是那些被称为"太夫"的高级游女,还有那些俳优名角，成为整个市民社会最有人气、最受追捧的一类人。富有的町人们纷纷跑进游廓和戏院，纵情声色，享受纸醉金迷的快乐，把游里作为逃避现实的世外桃源与温柔乡，在谈情说爱中寻求不为婚姻家庭所束缚的纯爱。

当时的思想家荻生徂徕曾忧心忡忡地议论："……达官显贵娶游女为妻的例子不胜枚举，以致普通人家越来越多地把女儿卖去作游女……游女和戏子的习气传播到一般人身上，现在的大名、高官们在言谈中也无所顾忌地使用游女与戏子的语言。武士家的妻女也模仿游女和戏子的做派而不知羞耻，此乃当今流行的风尚……"在这种情况下，便自然而然地产生了一种以肉体为出发点，以灵肉合一的身体为归结点，以冲犯传统道德、挑战既成家庭伦理观念为特征，以寻求身体与精神的自由超越为指向的新的审美思潮。这种审美思潮在当时"浮世草子""洒落本""滑稽本""人情本"等市井小说，乃至"净琉璃""歌舞伎"等市井戏剧中都得到了生动形象的反映和表现。在这种审美思潮中产生了"通""粹""意气"等一系列审美概念，而核心范畴便是"意气"。从美学的角度看，这正是当代西方美学家所提倡的、早在日本江户时代的市井文化中就已产生的一种身体美学。身体美学及"意气"这一审美思潮由游里这一特殊的社会及于一般社会，从而成为日本文学、美学中的一个传统。可以说，"意气"已经具备了"现代性"的某些特征，代表了日本传统审美文化的最后一个阶段和最后一种形态，对现代日本人的精神气质及文学艺术也产生着持续不断的潜在影响。

一 江户时代的"色道"与身体审美

"色道"这个词，在古代汉语文献中似乎找不到，应该是日本人的造词。其提出者是江户时代的藤本箕山，他自称"色道大祖"。什么是"色道"呢？简言之，就是为好色、情色寻求哲学、伦理、美学上的依据，并加以哲学上的体系化、伦理上的合法化、价值判断上的美学化、形式上的艺术化，从而使"色"这种"非道"成为可供人们追求、修炼，类似宗教的那种"道"；而只有成其为"道"，才可以大行其"道"。

藤本箕山所要建构的色道，是游里中的一种有交往规则、有真情实意、有文艺氛围、有历史积淀、有审美追求的男女游乐之道。色道建构的目标，就是要将游里加以特殊化、风俗化、制度化、观念化，而这一切最终都指向审美化。正因为有了审美的追求，才需要将"廓内"（妓院内）作为一种特殊社会来看待，从而规避了普通社会对它伦理道德上的要求；正因为有了审美的追求，才需要订立一系列规范，并且使这些规范由一般的规矩规则上升为特殊的游戏、审美的规则；正因为有了审美的追求，原本是肉体交易的下流行径，才能转换为指向身体之美的观照，从这个角度说，色道的本质就是将身体审美化，将肉体精神化。

在藤本箕山之后，江户时代关于色道的书陆续出现，如《湿佛》《艳道通鉴》等，甚至还有专讲同性恋——所谓"众道"——的《心友记》，此外还出现了一系列与色道相关的理论性、实用性或感想体验方面的游廓冶游类的书，如《胜草》《寝物语》《独寝》等，也属于广义上的色道书。藤本箕山的"色道"可谓"吾道不孤"，蔚为大观，形成一种颇值得注意的文化现象。这些书与《色道大镜》虽然在看法上、写法上有所不同，但基本观念却是相通的。

日本"色道"的基本指向是"色"。这里的"色"不仅仅是指女色或情欲、性欲，它是一种"色气"，即"色之气"，是色的普遍化、弥漫化和精神化，从这个角度上说，色是"对所喜所爱的追求，并不单单是淫欲"。在柳泽淇园[1]看来，"色"是一种青春之美，故曰"年轻时无色，便没有青春朝气"；色是一种生命力，故曰"年老时无色，就会黯淡而乖僻"；"色"还是"士农工商"一切阶层和身份的人，乃至天地自然万事万物都必须具备的东西，没有"色"，各阶层的人便黯淡无光、无甚可观，天地间也死气沉沉。显然，它不是某种特殊的、具体的美，而是从两性的身体之美推延开去的普遍意义上的"美"。

正是因为日本色道具有这种普遍审美的性质，所以在日本的色道著作中，乃至受"色道"影响的"洒落本""浮世草子"中

---

[1] 柳泽淇园：江户时代中期的武士，日本文人画家先驱。

的"好色物""人情本"，很少刻意地渲染性感受，而是不厌其烦地描写男女交际的过程，这些过程基本上属于精神层面。这一点常常出乎日本国之外的外国读者的想象，那些大肆标榜"好色""色道"的书，似乎显得名不副实。然而这恰恰是日本的特色，是从平安时代《源氏物语》以来就一脉相承的历史传统，因而可以说，日本文学中的"好色"，在很大程度上就是"好美"，日本的"色道"归根结底就是"美道"。

这种"美"不是山川之美，不是鸟木虫鱼之美，而是人之美。而人之美的载体是身体，因而是"身体之美"。换言之，日本色道所追求的是身体的审美化。用西方现代美学的术语来说，日本色道就是"身体美学"，英国美学家特里·伊格尔顿在《审美意识形态》中提出，"美学是一种肉体话语"，美国学者理查德·舒斯特曼亦明确提出要建立"身体美学"这一学科。实际上，在东方世界，在日本传统文化中，虽无身体美学之名，却早有了身体美学之实，我认为，日本江户时代的色道，就属于身体美学的一种典型形态。

色道作为一种"美道"，作为一种身体审美或身体美学的形态，首先是因为它在游里中建构了自己的特殊"道场"，即审美场域。

在世界各国的许多历史时期，妓院都既是一个藏垢纳污之处，又是一个社会最唯美的、最精致的文化之所在。江户时代的游里文化，是蓬勃兴起的市民文化的产物，但江户时代毕竟是一个受儒家思想影响最深刻的时代，狎妓总体上是对婚姻家族制的叛逆，是触犯一般社会伦理的，于是色道又小心翼翼地把自己局限在游里这一特定环境中，以避免与社会正统伦理形成全面冲突，从而在社会性中寻求一种超社会性，在守法与背德中形成一种张力，在束缚中求得自由。从美学的角度看，这当然也十分有利于审美关系的形成。

从身体审美的角度说，日本"色道"的基本出发点是身体，而"身体"不同于"肉体"。肉体是纯自然的、物理的，而身体却是在一定的社会环境中成长起来的，身体是肉体与社会相互作用的产物，因而色道的身体审美作为一种有规则的审美活动，也只能在一定的社会条件、环境和氛围中才能成立。

在江户时代的日本，官府在特定区域划出红灯区，让游廓按照规范要求进行经营，因此，虽然它与一般社会有着千丝万缕的联系，但却是一个相对孤立的特殊社会、特殊圈子，具有相当程度的超现实性。男人们到这里来，除了满足肉体的需要之外，还为了满足审美的需要。

以日本色道的看法，普通女子的价值和功能是生子持家过日子，因为久处于日常现实中，面对单一的男性（丈夫），渐渐没有了魅惑的动机，也失去了作为审美对象必须具有的超现实的暧昧和想象余地，因而一般很难成为审美对象。如若有人将良家妇女作为审美对象追求之，在当时属于犯罪，会遭到严厉惩罚，这一点井原西鹤在《好色五人女》中有生动的描写。因而，对当时的男性而言，身体审美的最恰当的去处和场所就是游里和戏院，最恰当的对象就是这些场所的女性。在这个逃避现实世界的特殊社会中，游客与游女的关系，完全是一种特殊条件下的消费关系。那只是一种美色消费，不能带有功利的、实际的目的。例如，游客与游女之间不能存在世俗意义上的以结婚为目的的恋爱，否则就有悖于色道了。另一方面，因为"色道"是严格局限在游里这一特殊社会中的，所以嫖客应该是"游客"，偶尔到此一游，但不可过分沉溺。在《色道大镜》中，那些成年累月泡在游廊中的男人，被作为色道修炼中最低级的层次；归根结底，游廊是一个只可偶尔进入的特殊社会，不能执着、不能沉溺，否则就违反了色道的基本精神。色道的可能和界限就在这里。

我们说"色道"是"美道"，属于身体美学的范畴，还因为色道是以审美为指向的身体修炼之道。

《色道大镜》等色道书，并不是抽象地坐而论道，大部分的篇幅是强调身与心的修炼，注重于实践性、操作性。用"色道"术语说，就是"修业"或"修行"，这与重视身体的磨砺和塑造的现代身体美学的要求是完全相通的。在日本色道中，一个具有审美价值的身体的养成，是需要经过长期不懈的社会化的学习和锻炼的。身体本身既是先天的，也是后天的。在先天条件下，除了肉体的天然优点之外，其审美价值更大程度上是依靠不断的训练和再塑造来获得，因而"身"的修炼与"心"的修炼是互为表里的。而那些属于"太夫""天神"级别的名妓，从小就在游廊这一特殊体制环境下从事身心的修炼，因而成为社会上身体修炼的榜样和审美的楷模。

《色道大镜》等色道书，详细地、分门别类地论述了作为理想的审美化的身体所应具备的资格与条件，特别是反复强调一个有修炼的游女，在日常起居、行住坐卧中所包含的训练教养及美感价值。理想的美的身体是美色与艺术的结合，因而身体修炼中用力最多的是艺术的修养。那些名妓往往是"艺者"，是"艺妓"，也是特殊的一种艺术家，她们的艺术修养包括琴棋书画等各个方面，并以此带动知识、人格和心性的修养。

另一方面，游里作为一种社交场合，具有交易性、游戏性、狂欢性、礼仪性的特点，日本色道著作中用不少篇幅讲述了游里内模仿贵族社会而设立的各种节日、庆典、仪式及相关规范，而色道中人必须熟悉这些，必须经过学习和训炼，才能在循规蹈矩中享受自由的欢乐。这实际上属于一种社交美学，就是学会怎样在那种高度密集的人群中引人注目，表现出有美感的风度和风范。而这一切又都是通过身体行为来实现的。

二 "通"与"粹"

日本"色道"作为一种"美道"，作为一种身体美学，不仅全面系统地提出了身体修炼的宗旨、内容和方法，更在此基础上产生了以"意气"为中心、涵盖"通""粹"等在内的一系列审美观念和审美范畴。

江户时代的宝历、明和时期，是中国趣味——包括所谓"唐样""唐风"最受青睐、最为流行的时期，万事都以带有中国味为时尚、为上品，而词语的使用以模仿汉语发音的音读为时髦。成为色道美学基本范畴的几个词都是如此，如"粹"读作"sui"、"通"读作"tuu"、意气"iki"，发音都是汉语式的，而且表层意义也与汉语相近。

"通"（つう）、"粹"（すい）、"意气"（いき）这三个词，在江户时代的不同文献作品中都是普遍使用的。从三个概念的逻辑关系上说，"通"侧重外部行为表征，"粹"强调内在的精神修炼，"意气"总其成，并上升为综合的美感表征乃至审美观念。

先说"通"。

"通"这个词在日语中本来与中文相通，指的是对某种对象非常了解、熟悉。在汉语中，也常用"通"字指两性关系，有"私通""通奸"之意。作为色道美学概念的"通"兼有以上各种含义。

《色道大镜》中对"通"的解释是"气，通也，与'潇洒'同义。遇事即便不言，亦可很快心领神会貌。"这里的含义与"粹"几乎没有什么不同。又如《通志选序》中说："游廓中的风流人物叫作'通'。""通"的人被称为"通者"或"通人"，非常"通"的人叫"大通"。这个词开始时特指在某一方面的造诣和技能，特别是在酒馆、茶馆、戏院那样的公共社交场所,要求懂得"通言"(时髦的社交言辞),后来则主要作为游里专用语,是指熟知冶游之道,在与游女交往中不会上当受骗,如鱼得水、游刃有余的人。

归根结底,"通"是一种人际交往的,亦即社交的艺术修养。在商业繁荣、高速城市化的江户、大阪等地,游里和戏院是人员最为复杂、对社交的艺术要求最高的地方。那些在经济上刚刚富裕起来但精神面貌不免"土气"的人,都希望尽快融入城市生活,尤其是城市上层的体面交际圈,于是便努力追求"通"。而在游里这种特殊的场合,人与人之间的接触比其他场合更为特殊、密切和直接,因而对社交修养的要求也更高、更严格。"通者"需要精通人情世故,需要在诚实率真的同时也会使用心计手腕,需要在自然本色中讲究手段,穿着打扮要潇洒不俗,言谈举止要从容得体。

再说"粹"。

一般认为,"粹"是从"拔粹""纯粹"中独立出来的,在汉语中,"粹"的意思是"不杂也"(《说文解字》),指纯净无杂质的米,进一步引申为纯粹、纯洁、精粹、美好等意思。日语的"粹"完全继承了汉语"粹"的这些语义,起初作为形容词,具有鲜明的价值判断,特别是审美判断的色彩。藤本箕山在《色道大镜》中写道:

真正的"粹"，就是在色道中历经无数、含而不露，克己自律、不与人争，被四方众人仰慕，兼有智、仁、勇三德，知义理而敬人，深思熟虑、行之安顺。

这样看来，"粹"不仅是色道修炼的标志，而且是修炼到相当高度的表征，除了机敏、聪慧，最重要的是有涵养、有修为，其强调的是一种品性修养，是一种人格美。

"粹"的根本表征是在游廊中追求一种超拔的"纯粹"、一种"纯爱"，不带世俗功利性，不落婚嫁的俗套，不胶着、不执着，而只为两情相悦。井原西鹤在《好色二代男》卷五第三中，讲述的就是这样一个"粹"的故事：一个名叫半留的富豪，与一位名叫若山的太夫交情甚深。若山尤其迷恋半留，半留对此将信将疑。有一次他故意十几天不与她通信，然后又写了一封信，说自己家业已经破产。若山只想快一点见到半留，半留与她会面后，说想与她一起情死。若山当即答应，半留不再怀疑她的感情。若山按约定的日子穿好了白衣准备赴死时，却不由得叹了一口气。半留听到了，认为若山叹气表明她不想与自己情死。若山告诉半留，她叹气不是怕死，而是想到他的命运感到悲哀。

半留因这声叹息而拿定主意，出钱将若山赎身，并把她送到老家去，而自己则很快与游里中的其他游女交往了。……井原西鹤写完这个故事，随后做了评论："两人都是此道达人，有值得人学习的'粹'。"在作者看来，游里中的男女双方既要有

"诚"之心即真挚的感情，又要有"游"（游戏的、审美的态度）的精神。

半留和若山之间的感情都是"诚"的，半留希望若山对自己有"诚"，但又担心太"诚"，太"诚"则有悖于色道的游戏规则，那就需要以双双情死来解决；有所不诚，则应分手。换言之，一旦发现"诚"快要超出了"游"的界限，或者妨碍了"游"的话，就要及时终止，而另外寻求新的"游"的对象。半留凭着若山的一声叹息，便做出了对若山的"诚"之真伪的判断，并最终做出了"粹"的选择。看来，井原西鹤所赞赏的正是这种以感觉性、精神性为主导的男女关系，这是一种注重精神契合、不强人所难、凭着审美直觉行事的"纯粹"。

三 作为核心概念的"意气"

上述的"粹""通"都与"意气"密切相关。但与"通""粹"相比，"意气"这个词的含义要复杂得多。在江户时代的相关作品与文献中，"意气"这个汉字词都读作"いき"（iki），是模仿汉字发音的音读，可见这个词本质上是汉语词，而且含义与汉语的"意气"也有某些相似。日本《增补俚语集览》对"意气"的解释是"いき：'意气'之意，指的是有意气之人、风流人物的潇洒风采。"这里的"意气"更多偏重于人的风度、风采。这种有"意气"之风采的人物在江户时代的"洒落本"和"滑稽本"中都有描写，而"人情本"中描写得最多。藤本箕山在《色道大镜》卷一《名目抄·言辞门》中对"意气"的解释是这样的：

"意気"（いき），又作"意気路"（いきじ），"路"是指意气之道，又是助词。虽然平常也说意气的善恶好坏，但此处的"意气"是色道之本。心之意气有善恶好坏之分，心地纯洁谓"意气善"，心地龌龊谓"意气恶"。又，意气也指心胸宽阔，心地单纯……

可见被藤本箕山作为"色道之本"的"意气"是"粹"与"通"的心理基础和精神底蕴，是一种心理的修炼和精神的修养。"意气"的指向是男女性关系的精神化和审美化。

"意气"的精神性，绝不仅仅是指外表的美或漂亮，而是指一种长期形成的精神气质、精神修养及由此带来的性感魅力。"人情本"中常有"いきな年増"（意为"意气的中年女子"）这样的说法。"年增"一词相当于汉语的"半老徐娘"，是指因年龄增大而黯然失色的女性。但"人情本"中常把"意气的年增"作为一种审美对象，而且是那些"未通女"（小姑娘）身上不具备的那种美。因而，"意气"这个词极少用来形容很年轻的女子，因为她们身上不具备"意气"之美，即色气。"意气的年增"是随着年龄增加而具有的一种女性特有的气质，即带有"色气"（风韵）

的成熟女性魅力。这种"意气"具有复杂的精神与性格的内涵，体现了一种社交、知识、性情方面的综合修养，难以概括和形容。年纪太轻的女子因"年功"未到，是不可能具备的。

关于"意气"与"粹"两个词的区别，哲学家、美学家九鬼周造在1930年发表的《"意气"的构造》一书中谈到了他的看法，他认为："粹"和"意气"两个词只是地域使用的不同，在意义上几乎没什么区别，又认为"'粹'多用于表示意识现象，而'意气'主要用于客观表现"，接着又说"但由于客观表现本质上说也就是意识现象的客观化，所以两者从根本上意义内容是相同的"。所谓"意识现象的客观化"，就是将内在的精神意识表现于外，使内在的无形的东西借助外在的有形的东西得到呈现。那么这种东西岂不就是我们通常所说的"美"吗？不知道九鬼周造是否意识到了，他的这种"意气"与黑格尔在《美学》一书中对"美"所下的那个权威定义——"美是理性的感性显现"——几乎如出一辙，尽管九鬼周造在哲学上主要接受的是海德格尔及现象学的影响。换言之，"粹"只是一种"意识现象"，它还没有获得客观化的外在表现形式，因而"粹"还仅仅是一种"美的可能"，而不是一种美的现实。相反，只有获得了"意识现象的客观化"的"意气"，才能成为一种"美"的概念，才能成为一个审美范畴，成为表示日本民族独特审美意识的一般美学概念。

关于这一点，九鬼周造之后的日本学者也有相同的看法，并且表述上比九鬼更为明确清晰。例如，关于"通""粹""意气"

这三个词的关系，日本九州大学中野三敏教授认为：

> 正因为"意气"本来是用以表示"粹""通"中的精神性的概念，因而它就容易与审美意识直接结合在一起，与具体的色彩、形状，或者声音结合在一起，并赋予它们以精神性，从而把这些对象中的审美内涵表现出来。
>
> 换言之，"粹"与"通"自身不能是一种美，它只有依靠"意气"，才能表示美的存在如何摆脱游里这一特殊环境的制约，以使自身含有某种精神价值，从而升华到"意气"这一审美意识的高度。[1]

这是很有见地的观点。也就是说，正是因为"意气"这个词在含义上的这种精神性和抽象性，所以它比"通""粹"更具有超越性，使它更有可能超越色道用语，成为一般社会所能使用的一种审美宾词、一种美学概念。而"粹"和"通"这两个词则不能，"意气"这个概念与"通""粹"的不同功能和根本区别就在这里。

然而，遗憾的是，近些年来，在九鬼周造的中文评介文字及有关译文、译本中，对"通""粹""意气"这几个关键观念的理解和翻译出现了严重的偏差和失误。例如，1993年出版的日

---

[1] 中野三敏：《すい・つう・いき——その形成の過程》，见《讲座日本思想・美》，东京大学出版会1884年版，第141页。

本学者安田武、多田道太郎编的《日本古典美学》（中文版由中国人民大学出版社出版），收录了九鬼周造的《"いき"の構造》一书的短评文章，译者将《"いき"の構造》译成了《美的构造》。大概是考虑中国读者不明白"意气"为何物，干脆将"いき"译成了"美"，然而这样一来，"意气"作为日本之美的特殊性就完全被掩蔽了。

2009年，台北联经出版社出版了黄锦容等三人联合翻译的九鬼周造的《"いき"の構造》，将书名译成了《"粹"的构造》；2011年，上海人民出版社出版的译本，书名也译成了《"粹"的构造》。同年，华东师范大学出版社翻译出版的船曳建夫著《新日本人论十二讲》，其中第三讲涉及到了九鬼周造的这本书，译者也将书名译作《"粹"的构造》。看来，用"粹"取代"意气"，已经成了一种较为普遍的现象。若搞不清"意气"与"通""粹"之间的关系，连正确的翻译都做不到。比如，上述台北联经版的主要译者在一篇文章中，将"意气"直接理解为"骨气"[1]；上海人民出版社的译本则将"意气"译为"傲气"。这样的翻译都将"意气"这个核心概念缩小化了。实际上，"骨气"也罢，"傲气"也好，仅仅是"意气"的一个侧面的属性和表现而已。因而用"骨气""傲气"来翻译"意气地"（いきじ，释义详后）是可以的，但用来翻译"意气"绝不可以。在这种情况下，对一般中

---

[1] 黄锦容：《"粹"：九鬼周造召唤的文化记忆》，《中外文学》第38卷第2期，2009年6月，第126页。

国读者而言，"意气"这一重要的日本美学概念一直处在被遮蔽和被隔绝状态，不可能有全面正确的了解。

其实，"意气"到底是什么，九鬼周造《意气的四个对应面》一节中做过明确的说明：

> 所谓"意气"，正如以上所说的，它在汉字的字面上写作"意气"，顾名思义，它是一种"气象"，有"气象的精粹"的意思，同时，也带有"通晓世态人情""懂得异性的特殊世界""纯正无垢"的意思。[1]

这段话很重要。因为这是作者对"意气"最明确的解释、定性和定位。首先，九鬼明确把"いき"对应于、等同于汉字的"意气"。这就等于提醒我们应该把《"いき"の構造》翻译为《"意气"的构造》而不能是《"粹"的构造》。其次，他将"意气"解释为"一种'气象'"。所谓"气象"（日文汉字写作"気象"，假名写作"きしょう"），按《广辞苑》中的解释，一是由宇宙的根本作用所形成的现象，二是指人的"气性"，即人的性情、气质，三是指气象学意义上的"气象"。前两条的"气象"释义都表明：作为"气象的精粹"的"意气"是根本的、基础的母概念，所谓"气象的精粹"就意味着"意气"可以把"精粹"即"粹"包括

---

[1] 九鬼周造：《"いき"の構造》，岩波文库1979年版，第37页。着重号为引者所加。

导读

在内。换言之，若不把"意気"（いき）译成"意气"而译成"粹"，就会完全颠倒这两个概念的从属关系、主次关系。这表明，对于学术思想著作的翻译而言，翻译不仅是翻译，而且也是一种理解和阐释。译者的理解与阐释必须充分尊重原文，必须弄清概念与概念之间的学理的、逻辑的关系。翻译者必须明白，从原文的角度来说，九鬼周造的书名毕竟是《"いき"の構造》而不是《"すい"（粋）の構造》，在九鬼周造的心目中，"意气"是可以依托的根本概念。

总之，"いき"所对应的汉字是"意気"，因而如果要把这个"いき"还原为汉字的话，那么它一定是"意气"，而不能是"粹"或"通"。又，"粹"在表达"意气"的意义时，固然也可以训作"いき"、读作"いき"（iki），但"粹"在更多的情况下音读为"すい"（sui），"粹"难以包含"意气"，"意气"却可以包含"粹"。事实上，无论是"通"还是"粹"，作为纯粹的色道用词，较之具有一般审美概念的"意气"，其意义要狭隘得多。归根结底，"意气"是核心概念，"通"和"粹"是次级概念。"粹"是一种内在意识，而"意气"则是内在意识的外在显现，也就是说，"意气"大于"粹"，"意气"可以包含"粹"，而"粹"则不能包含"意气"。因此，将九鬼周造的《"いき"の構造》中的"いき"对应于这个词的词根"意気"并翻译为"意气"，不仅语音上相通，而且语义上也十分吻合。

四　"意气"的内涵与外延

九鬼周造《"意气"的构造》一书的功绩，就是已经很大程度地摆脱了色道概念的束缚，将"意气"从江户时代的游廓中剥离出来，赋予它以现代性，并作为日本民族独特的审美观念，运用欧洲哲学中的概念整理与辨析的方法，加以分析、整合和弘扬。这个工作没有在江户时代完成，当时的色道作家们局限于色道和游廓的范围内，不可能做到这一点。九鬼周造认为，"意气"这个词带有显著的日本民族色彩，欧洲各大语种中虽然存在和"意气"类似的词，但无法找到在意义上与之完全等同的词。"意气"是"东洋文化——更准确地说，是大和民族对自己特殊存在形态的一种显著的表达"。九鬼周造首先分析了"意气"的内涵，认为"意气"的第一内涵就是"媚态"。

所谓"媚态"，日语假名写作"びたい"，与汉语的"媚态"含义相同，但不含贬义，是个中性词，大体指一种含蓄的性感张力，或性别引力。

"媚态"只有在男女互相接近的过程中才能产生，一旦得到对方后，距离便消失，张力便消失，就进入了类似婚姻的状态，美感丧失殆尽。在九鬼周造所提到的永井荷风题为《欢乐》的小说中，还有这样一段话："'结婚是爱情的坟墓'，这句格言在我的心中发出了强烈的共鸣，莫泊桑也把婚姻说成是'两个生物的丑恶的生存'。……我的周围、亲戚和熟人的那种单调乏味的家庭生活，足以让二十岁的我对人的生存状况抱有彻底悲观的态度。"可以把永井这段话看作是对"媚态"存在的极端重要性的一种诠释。可见，"媚态"只是一种身体审美的过程，是一种唯美的追求，因而它与"真"与"善"都是对立的。"媚态"排斥现实性和真实性，只要一种暧昧的理想主义；它也排斥"善"，不承认既有的婚姻、家庭等伦理道德。

九鬼周造认为，"意气"的第二内涵就是"意气地"，这个词假名写作"いきじ"。顾名思义，就是"意气"有其"地"（基础），也就是"有底气""有骨气""傲气"的意思，也含有倔强、矜持、自重自爱之意。"意气地"的同义词是"意气张"，在一些文献和作品中也常写作"意气张"，就是一种"意气冲天"而又诱人的傲气。九鬼认为"意气地"与武士道的理想主义的"义理"观念似有深刻联系。但实际上恐怕主要还不是武士，而是武士大名乃至皇族贵胄傲慢气质在男女关系中，特别是女性一方的表现。

在江户时代儒教社会的男尊女卑的社会中，女性必须温顺，甚至甘受虐待，但那时江户的游女（主要是高级游女"太夫"等）与别的女子比较而言，却是颇为"意气"的。她们对不喜欢的客人，不管多么有钱有势也绝不接待，这种傲慢的"意气"使女性的精神面貌焕然一新，在日本普通的良家妇女中是极难见到的，因而独具一格，对男性社会产生了一种特殊的魅力。在当时流行的"洒落本"和"人情本"中，这种傲气的"意气"作为游女的可贵性格多有描写，并受到赞美，"不沾金钱等浊物、不知东西的价钱、不说没志气的话，如同贵族大名家的千金"。在普通男女交往特别是爱情审美心理中，没有"媚态"，双方就不可能接近；没有矜持和傲气，就会因为太容易接近而缺乏过程美感。只有"意气地"即"傲气"与"媚态"相结合的时候，男女之间、男女的身体与精神之间，才会产生一种审美的张力。

九鬼周造认为"意气"的第三个内涵是"谛观"。谛观，原文"諦め"（あきらめ），是一种洞悉人情世故、看破红尘后的心境。"諦め"的"諦"字，显然与佛教的"四谛"（苦、集、灭、道）之"谛"有直接关系。佛教的"谛"是真理之意，"諦め"就是观察真理、掌握真理，达到根绝一切"业"与"惑"、获得解脱的最高境界，因而借用佛教的"谛观"一词来翻译"諦め"最为传神。

从美学上看，"谛观"就是一种审美的静观。九鬼认为，所谓"谛观"，也就是基于自我运命的理解基础上的一种不执着的、超然的态度。就是要抱有一种淡泊、轻快、潇洒的心情，在花街柳巷中，当真心三番五次遭到无情背叛，一次次经受烦恼磨炼的心，对虚伪的行径已经不太在意，失去了对异性淳朴的信赖之后，便形成了"谛观"之心。

同样地，对于男人而言，"谛观"就是始终对女性抱有一种审美静观的态度，明明知道女方在欺骗自己，却不从道德的、实利的角度去苛求她。在审美过程中，明知受骗，甘愿受骗，甚至以被骗为乐。

江户时代的色道达人柳泽淇园在《独寝》一书中,在这个问题上表现出了很高的觉悟,他认为,去花街柳巷游玩的人,都要明白"游女就是说谎的人",没有这种思想准备的人,是不可能发现"游"的精神的。"那些从来都没做过傻事"的大财主,也亲手给太夫写来情书,那些情书可能被太夫及别的女郎作为笑料而互相传阅。有些情书,太夫不想弄清到底是哪个客人写的,便把它当成引火纸,化作黑夜中的一缕青烟了,然而柳泽淇园并不因此认为太夫可恨,也不因此而嘲笑那些财主,因为干这些蠢事换来的是快乐。柳泽淇园的这种态度就是"谛观",即审美静观的态度。麻生矶次认为:"'意気'是一种解脱之相,是深知男人的心,遍尝浮世的辛酸,并摆脱其束缚的淡然的心境。"[1] 说的也正是这个意思。

　　需要指出的,上述台北版、上海版中文译本对"諦め"(あきらめ)一词的翻译,也出现了理解上的问题。台北译本译为"死心",上海译本译为"达观"。在这里,面对同一个词"諦め",两种译本却译出了几乎相反的两种意思。一般而论,"死心"就是绝望,绝望了就不再"达观","达观"了就没有"死心"。在九鬼周造的意气的内涵构造逻辑关系中,一个有着"意气地"即傲气的人、一个被推崇的"理想主义"的"意气"的人,绝不是"死心"的人。因此"死心"当属误译。至于译成"达观",本质

---

[1] 麻生矶次:《通・いき》,见《日本文学の美の理念》,河出书房,昭和二十九年(1954年)版,第113页。

上虽然没有大错，但意义表达上还不到位，没有译出九鬼周造赋予这个词的美学意蕴。笔者思来想去，译成"谛观"最为准确[1]。"谛观"是失望（不是绝望，不是死心）后的看得开的超越的心境，一种审美的静观。

我认为，"意气"这个审美概念的内涵中，除了九鬼周造所指出的"媚态""意气地""谛观"三种审美要素之外，还包括"时尚"与"反俗"之美。如上文所说，在江户时代，"意气"本身可训为"当世"二字，就是今天我们所说的"时尚"的意思。"时尚"就是不保守，就是追新求变，江户时代的游廓之所以能够引导时代与社会的审美潮流，就在于它的"当世"及时尚性。"时尚"是不古板、不拘泥的一种随意和潇洒，一种个性化的美感。关于这一点，藤本箕山在《色道大镜》中对吉野太夫的一段描写，最为代表性：

那一天吉野（谥号德子）虽被安排为上客，但却没有出席。问缘由，说是到凌晨才睡，现在还没起床。主办方说：那就把她叫醒吧，于是从座中派一个人前去，去叫醒了她，对她说大家都到齐了，敬请光临。她洗把脸后，蓬乱着头发来到座中，内穿白绫的内衣，外穿无花纹的两重黑色外衣，系着杂色斑纹衣带，款

---

[1] 日语中本来就有一个汉字词"諦観"（ていかん）。《广辞苑》对"谛观"的解释是①看透他人，清楚地审视、谛视；②〔佛〕谛观；③諦める。可见，"諦め"和"谛观"在这个层面完全是同义的。

款地走出来，从数位女郎身边穿过，到自己的座位上坐下来。各位都看呆了，忘记了与她寒暄打招呼……

藤本箕山认为吉野这位名妓的做派是典型的"意气"的表现，也就是一种潇洒、不拘成规的个性化的美感。

时尚常常表现为反俗，而反俗最深刻的表征就是反既成道德。对此，阿部次郎在《德川时代的文艺与社会》[1]一书中指出：在江户时代，游女的审美价值除了她的技艺修养之外，还在于她们身上具有"普通女子，特别是良家贞洁女子所没有的反道德的东西"。"她们还要'骨子里对谁都多情'，必须集万人宠爱于一身。这样的游女的德行修养是以什么为基础的呢？这一点必须建立在对良家女子之轻蔑、对刻板的道德之逆反的基础之上，并由此确立游里特有的人生观。"

在《"意气"的构造》中，九鬼周造除了"意气"的内涵构造外，还分专章论述了"意气"的外延构造、"意气"的自然表现和"意气"的艺术表现。认为"意气"的外延构造是作为"意气"之延伸的"上品""华丽""涩味"三个词，以及与之相对的"下品""朴素""甘味"三个词之间形成的二元张力。"意气"的自然表现主要在身体方面，"意气"的反义词是"土气"（野暮）。"意气"的体态略显松懈，身穿轻薄的衣物（但不能是欧洲式的袒胸

---

[1] 德川时代：又称江户时代，指的是1600年关原之战结束后至1867年明治维新之前，由德川幕府统治下的约二百七十年间，都城设在江户（今东京）。
本书除《德川时代的文艺与社会》之篇名外，一概用"江户时代"之译法来统一。

露背式或裸体），杨柳细腰的窈窕身姿可以看作是"意气"的表现，出浴后的样子是一种"意气"之姿，长脸比圆脸更符合"意气"的要求。女子的淡妆、简单的发型、"露颈"的和服穿法，乃至赤脚，都有助于表现出"意气"。在"意气"的艺术表现上，最能体现"意气"的是条纹花样中的简洁流畅的竖条纹；最"意气"的色彩是鼠灰色、茶褐色和青色这三种色系，大红大紫、红花绿叶、花里胡哨的艳俗颜色和面料不"意气"；最"意气"的建筑样式是简朴的茶屋；在味觉方面，别太甜腻（"甘味"）、适度地带一点"涩味"是"意气"的；等等。

综合分析九鬼周造的见解，再加上我们的理解，尝试着尽可能简洁洗练地将"意气"定义如下——

"意气"是从江户时代大都市的游廓及色道中产生出来的、以身体审美为基础与原点、涉及生活与艺术各方面的一个重要的审美观念，具有相当程度的都市风与现代性。狭义上的"意气"正如九鬼最早所说，是一种"'为了媚态的媚态'或'自律的游戏'的形态"，是男女交往中互相吸引和接近的"媚态"与自尊自重的"意气地"（傲气）两者交互作用而形成的一种审美张力，是一种洞悉情爱本质、以纯爱与美为目的、不功利、不胶着、潇洒超脱、反俗而又时尚的一种审美静观（谛观），在这种审美张力与审美静观的交互作用中，形成了"意气"之美。

值得一提的是，在九鬼周造从美学角度对江户时代的"意气"做了分析阐释之后，美学家阿部次郎又从社会文化史的角度对江户时代的文学艺术的基本特点做了总结，他认为其江户文艺的本质是"性欲生活的美化"。

阿部次郎的"性欲生活的美化论"，作为一个从社会文化角度做出的判断和命题，与九鬼周造的作为美学概念的"意气"，显然是相通的。所谓"性欲生活的美化"就是在男女关系中剔除婚恋的功利性，超越道德上的价值判断，通过使其纯粹化而达到"美化"的目的，也就是将没有审美价值的"色情"转化为具有审美价值的"情色"，这样的"情色"才能与艺术创作的审美冲动和表现直接联系起来。

五 "意气"之于传统和现代

九鬼周造在《"意气"的构造》中反复强调，"意气"是日本民族独特的概念，这一点是毋庸置疑的。但是，"意气"作为江户时代町人社会中产生的独特概念，它与日本的传统审美文化、与"物哀"等审美观念，乃至与汉语的"风流"观念都有一定的联系。

"意气"与代表平安王朝审美理想的"物哀"之间是有联系的。两者都产生于男女交往与恋情，都是在异性交际、身体审美实践中产生出来的概念。在《德川时代的文艺与社会》一书中，阿部次郎强调江户时代的游里实际上是一个虚拟的贵族社会，那些有钱无权、处在四民制最下层的町人，在游里中可以找到贵族社会的享受与感觉：悠闲而奢侈的生活，狂欢而风雅的节日、仪式与活动，美丽而有教养的女人，都给町人以虚幻的贵族式的满足。在身体美学的层面上，"意气"与"物哀"的趣味是一脉相承的，"意气"语境下的游女与游客，简直完全可以对应于"物哀"语境下的贵族男女。不同的是平安王朝贵族是偷情和私通，江户时代的町人是公然去游里冶游。两者都是反既成道德的，是唯美主义、浪漫主义的，在讲究形式美的同时，注重心性的修养、情感的教养和琴棋书画的技艺。但是，两者也有许多根本的不同。"物哀"是古代王朝宫廷的产物，"意气"则是近世都市社会的产物；"物哀"之美带有古典性，"意气"之美带有"前现代"市井文化的性质；"物哀"属于情感美学、心理美学的范畴，"意气"属于身体美学的范畴；"物哀"强调"悲哀"的审美化，具有消极的、反省的、内向的性格，"意气"却强调洒脱、超越、想得开、看得开的"谛观"，即审美的静观，是一种积极的、外向的、行动的性格。

九鬼周造在《"意气"的构造》中所指出的"意气"在艺术与生活上的表现，清楚地表明"意气"对身体之美的那些理想要求，与现代都市社会的审美趣味已经非常接近了，例如古典贵族女性的微胖的体态和面庞、繁复的发型服饰、浓艳的化妆、刻板的礼仪，都是"意气"之美所排斥的；"意气"所要求的则是苗条瘦长的体形、简单的发型、朴素而又潇洒的服饰（有时甚至强调不加修饰、随意随便的样子更美）。这种"意气"之美是传统贵族的繁缛文化、中世武士的简朴的理想主义文化、近世的都市时尚文化相生相克的产物。

在讲"意气"的时候，我们还会自然想起一个汉语词——"风流"。

"風流"（ふうりゅう）这个概念在日本文论史、美学史上也占有重要地位。但这个概念完全是从中国传入的，在语义及其使用上，与汉语的"风流"大同小异。对此，日本学者冈崎义惠在《风流的原义》、铃木修次在《"风流"考》、栗山理一在《"风流"论》等文章中，都做了较为细致的分析研究。总体来说，在汉语中，"风流"有精神的、肉体（身体）的两层意义，作为精神层面的含义，"风流"是一个人的浪漫、潇洒、高雅、放达之美，也指一种精神传统、文学艺术上的流风遗韵。在这个意义上，"风流"与"风雅"意义接近；在身体乃至肉体层面上，"风流"则是指一种放纵享乐的艳情、好色。例如中国六朝的一个叫石崇的人纸醉金迷、纵情声色，时人称其"风流"，日本中世时代也有著名的风流和尚一休（一休宗纯，号狂云子），在其汉诗集《狂云集》《续狂云集》，大量使用"风流"一词（平均每四首诗中就有一个"风流"），用来指代男女好色、性爱之事。看来，在这方面，日语中的"风流"的含义与汉语的"风流"是基本一致的。"风流"这个层面的含义，显然与"意气"有很大的重合之处。

问题在于，既然"意气"和"风流"都指男女的好色和性爱之事，为什么江户时代的色道文化中，不直接使用"风流"一词，而使用"意气"呢？江户时代本来就非常崇尚中国语言文化，那些町人又追慕贵族文化，况且"风流"中也包含着对男女情事及身体的审美观照，在这种情况下，使用"风流"这个为人所熟悉的汉字词，岂不是最方便吗？然而，事情似乎并非那么简单。

如上文所说，"意气"这个词直接产生于江户时代町人阶层的色道文化中。从起源上说，作为公娼区域的游里或游廓是"意气"产生的温床。因此"意气"不是在"风流"的延长线上产生的，而是町人旺盛的生命力、充足的财力、对传统与社会的本能的反叛力的表征；换言之，它是町人专有的，与先前的宫廷贵族、武士贵族的"风流"颇为不同。日本贵族的"风流"是脱离政治利害、超越经济的束缚与利益得失考量的、不落俗套、闲云野鹤的放达状态，而町人的"意气"却是紧紧依托着金钱、炫耀着财力，并由此体会到一种自由潇洒，带有强烈的金钱交易与商业消费的市井文化之时代色彩。

从行为实践的层面上看，日本传统贵族的"风流"带有古典的典雅性质，强调流风余韵，有一套公认的风流模式，是一种风格化程式做法，但"意气"起初却是一种率心由性、落拓不羁的渔色游乐行为，没有约定俗成的规矩法度可循，在这种情况下，才有人试图以"色道"建构的方式制定规矩法度，并在其中树立审美标准，力图将好色行为由形而下的肉体沉溺，提升到形而上的"粹"和"意气"的高度。这里面固然吸收了一些贵族的"风流",但却与已经模式化了、矫揉造作的"风流"大异其趣了。

从意义内涵上看,"意气"纯属身体美学的范畴,而"风流"则首先是文艺美学、诗学的范畴,其次才是身体美学的范畴。从纵向的时代推移来看,"风流"是古典的审美趣味,"意气"是前现代的审美趣味。总之,尽管"风流"与"意气"有重合和共通之处,但"意气"所代表的是纯粹的市民、町人的审美趣味。"风流"和"意气"既非同源,也非同流。町人的"意气"无意间承续了"风流"的传统,但又不使用"风流",这或是觉得不配,或是不愿。

"意气"之于现代日本具有怎样的意义呢?可以说,"意气"作为一种审美观念,从江户时代不知不觉、顺乎其然地流入明治时代后的日本近代文化中,成为日本近代文学、近代文化中的一种别样的传统。对此,阿部次郎反复强调:"作为祖先的遗产之一的江户时代中叶以后的平民文艺,在明治、大正时代被直接继承下来,即便我们自以为可以摆脱它,但它已经成为一种文化势力,在冥冥之中深深地渗入我们的血肉中,并在无意识的深处支配着我们的生活。"虽然,在日本近现代文学中,西方理论思潮与西方概念的大量涌入,使得包括"意气"在内的传统审美观念与美学范畴受到了相当程度的遮蔽。由于"意气"等相关范畴产生于江户时代游里及好色文学中,涉及到复杂的社会道德问题,把它加以学术化、美学化即正当化,既需要见识,也需要勇气。在 1930 年九鬼周造的《"意气"的构造》发表之前,人们几乎把"意气"这个概念忘掉了，正如日本另一个审美概念"幽玄"在近世时代被人们忘掉了数百年一样。

九鬼周造出身名门贵族，曾留学德国，师事胡塞尔、海德格尔等哲学家，而母亲星崎初子原本是个艺妓，据说是一位极富美感的女性，是九鬼的父亲九鬼男爵把她从妓院赎身并与之结婚（在近现代日本，上层社会的男人娶艺妓为妻者大有人在），后来初子因与著名学者冈仓天心恋爱，而与九鬼周造的父亲离婚，此后初子带着九鬼周造兄弟一起生活。这种特殊的家庭生活背景与经历，也许是九鬼周造写作《"意气"的构造》的勇气与动机所在。在《"意气"的构造》问世之后，"意气"这个概念在日本美学思想史上的地位没有人再敢忽视了。

另一方面，虽然"意气"这个概念本身长期被忽视，但"意气"的审美传统并没有中断过。仔细注意一下就会感到，日本人的文学艺术，包括小说、电影，乃至当代的动漫，都或明或暗地飘忽着那种"意气"。例如，一直到现代社会，艺妓仍然作为日本之美的招牌而广为人知，在文学创作中，对所谓"江户趣味"的追求已经形成了日本近现代文学的一种传统，从尾崎红叶、近松秋江带有井原西鹤遗风的情爱小说，到现代唯美派作家永井荷风对带有江户风格的花街柳巷的留恋和沉溺，再到战后作家吉行淳之介的妓院小说，乃至川端康成、渡边淳一等描写不伦之恋的小说，都以不同的方式体现了"意气"的审美与创作传统。

广而言之，在当代社会中，"意气"就是身体美、性感美的普泛化，其实质是以身体审美为指向的日常生活的审美化。这也就是"意气"这一审美观念的现代性之所在。我们只要在现代语境下对原本产生于游里色道的日本"意气"加以提纯和净化，洗去它所带有的江户时代的町人放肆放荡的"洒落"气味，就有可能把它更生、转换为一般的审美观念，就具有了一定的现实意义和普遍意义。

实际上，男女之间"意气"的身体审美现象，正是人类日常美感的主要来源，其在社会交往中似乎无处不在，远比艺术的审美来得更为频繁、自然、迅捷与生活化，因而也更为重要。特别是在人口密集的现代都市中，在萍水相逢、转瞬即逝的往来中，甚至是在网络虚拟世界中，男人女人们以其身体（包括服饰、发型，乃至举止、气质等）有意无意地向具体的或模糊的对象做出意欲靠近、并博取对方好感的"媚态"，是人性的自然，是审美要求的本能表现。没有婚姻等任何功利目的，只是在审美动机的驱动下释放或接受"色气"的性别魅力，同时又在自尊自重的矜持与傲气中，与对象保持着距离。就是在这种二重张力中，体验着一种审美静观，确认生命的存在，感受生活的多彩。由此，男人女人们变得更美，世界也变得更美。我们不妨把这个理解为现代意义上的"意气"，这种现象既是普遍的一种心理（观念）现象，也是一种普遍的审美现象。

如今，有的西方美学家倡导美学研究应该从经典文本和艺术品的研究，转向活生生的日常，转向对身体审美（身体美学）的研究，提倡"日常生活的审美化"。若如此，"意气"的审美现象是否应该引起美学研究的充分注意呢？日本的"意气"概念是否仍有启发价值呢？应该意识到，思想是在阐发中不断增值的，概念范畴是在整理寻找中陆续呈现的，历史上的许多概念起初只不过是一般的词语，即一般的形容词、名词和动词，我们的哲学研究、美学研究也不应以那些既有的、有限的概念范畴为满足，要像九鬼周造对"意气"的发现、发掘那样，从传统文本和现象中去发现、提炼、阐发新的概念与范畴。

实际上，在中国传统的思想文化中，身体问题一直是一个核心问题之一，儒、释、道各家都有自己的身体观，但正统的身体思想都偏重于真与善，强调身体的道德性和清心寡欲的自然天性，具体而言，儒家在肯定身体的同时提倡节制，佛家追求身体静修与超越，道家与传统医学则指向养生。这些主要都不是审美的诉求。而另一方面，在中国非正统的审美文化传统中，却一直存在身体审美的传统，例如，魏晋时代盛行的人物品评主要是基于身体的审美批评，唐宋元明清各时代的市井通俗文化及相关文献中，也蕴含着丰富的身体美学的思想范畴的矿床，我们是否也应该从类似于"意气"及身体审美的角度，从大量的明清小说、戏曲及市井通俗文化现象中，寻找出、提炼出属于那个时代的独特的审美观念来呢？是否可以把那个时代最为流行的某些形容词、名词、动词，给予筛选、整理、优化和阐发，并由此加以概念化呢？我们对日本"意气"加以研究的学术价值和启发性，也许就在这里。

六　关于本书的内容构成及编译的有关问题

最后需要交代一下本书内容的构成以及编译中的格式等问题。

本书以"色气"为中心，编译了两部文献著作，分为两个部分。

第一部分，是哲学家、美学家九鬼周造（1888—1941）的《"意气"的构造》（1930年）。这是现代日本第一部，也是迄今仅有的一部立足于哲学、美学的立场，运用阐释学和结构主义的方法，对"意气"的语义构造加以分析概括的著作。作者受过德国哲学的思维表达的训练和影响，全书篇幅不大（译文五万余汉字），言简意赅，极富理论思辨性，结构上也环环相扣、不枝不蔓。日本学者的许多著作啰唆絮叨、感受力有余而理论概括力不足，但九鬼周造的这本书可谓少有的例外。译者根据岩波书店"岩波文库"1979年版本加以完整翻译。

第二部分，选译哲学家、美学家阿部次郎（1883—1959）的《德川时代的文艺与社会》（单行本1931年版）。该书从社会史、文化史的角度分析江户时代"好色"文化的形成，并对相关文献与作家作品做了分析,被公认为是江户时代社会文化研究的名著。其文化史方法可以与九鬼周造《"意气"的构造》的美学方法互为补充。全书观察犀利、分析透辟、语言睿智机警,颇得德国哲学与欧洲学术的方法精髓,具有重要的学术理论价值。由于该书在杂志上连载七年然后成书,各章节衔接不够紧凑,结构上不免零散。译者围绕色道论、"色气"的主题,根据角川书店"角川选书"1972年版加以选译。其中,最有理论总括价值的"前编"基本上完整翻译,在"补编"和"后编"中选取有关井原西鹤及后来者的好色小说的相关章节,略去了有关戏剧、浮世绘、版画的章节,译出的篇幅约十万汉字,为原作的五分之三,相信这样的选译可能会使全书在结构上更显紧凑。

本书所选译的两种原作,由于著述时间不同,作者的写作习惯不同,所以注释的处理方法也不同。其中,《"意气"的构造》每章后面均有作者的少量几条注释,译者一律处理为脚注(页下注),并在该注释之后注明是"原注",以便与译者的注释相区别;《德川时代的文艺与社会》原书有少量的文内注,译文不加改变,但译者另加脚注。特此说明。

「意气」的构造

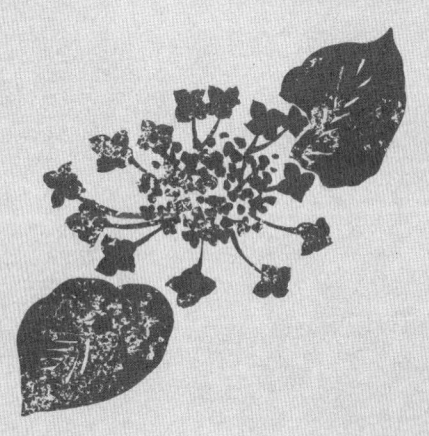

九鬼周造

意気　色気

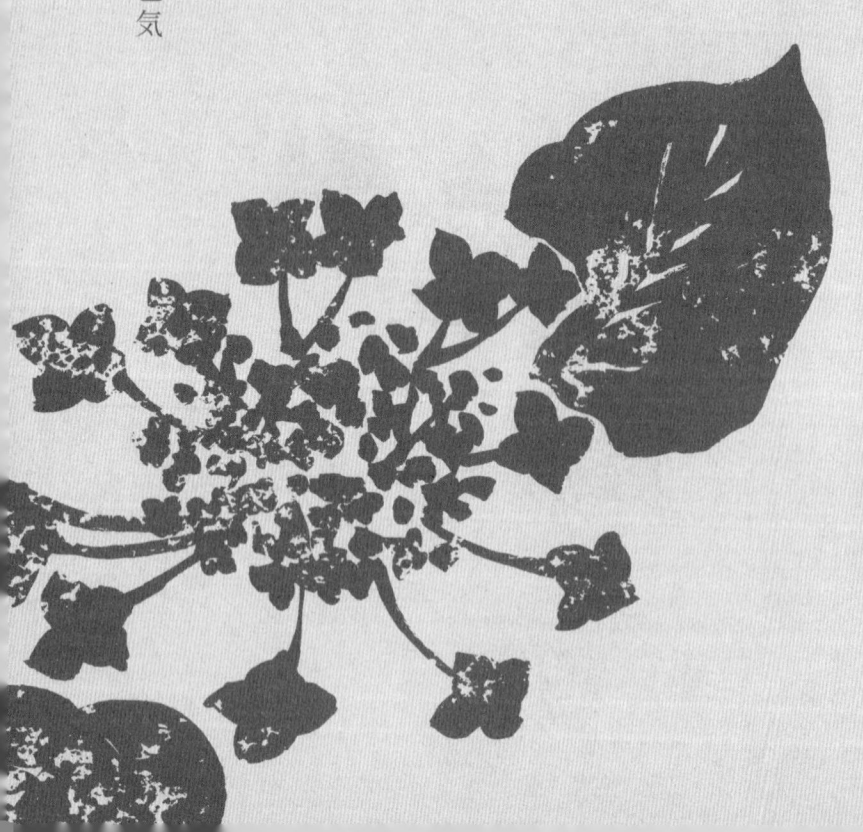

序

本书各章节作为单篇论文曾在《思想》杂志第九十二号和九十三号（昭和五年一月号和二月号）上发表过，此次成书时我又做了修改和补充。[1]

一种有生命力的哲学必须有助于人们对现实的理解。我们都知道有"意气"这样一种现象的存在，那么，这种现象具有怎样的结构呢？"意气"会不会是我们民族独有的一种"生"气的表现呢？如实地把握现实，并且把自己的体验加以逻辑的表达，是本书的课题。

著者

昭和五年十月

---

[1] 后来，《"意气"的构造》（原文《"いき"の構造》）的单行本于1930年11月由岩波书店出版，1979年9月，又以《"意气"的构造（外二篇）》为题名收入"岩波文库"。

一　生于民族的语言：意气的产生

"意气"这种现象究竟具有怎样的构造？以什么方法可以阐明"意气"的构造、把握"意气"的存在呢？不必说，"意气"已经形成一种特定的意义，而且"意气"作为一个词汇的存在，也是众所公认的事实。我们首先要考察的是"意气"这个词在外国语言中是否具有一种普遍性。如果"意气"这个词仅仅在日语中存在，那么我们就可以说，"意气"在意味上是具有特殊民族性的。既然它在意味上具有特殊民族性，也就是一种特殊的文化存在，那么我们应该采取怎样的方法和态度研究它呢？在明确"意气"的构造之前，必须首先对这个问题做出回答。

首先让我们来思考一下语言和民族通常有着怎样的关系，语言的内在意味和民族存在具有怎样的关系。意味的妥当性问题与意味的存在问题并不是无关的，甚至可以说，意味的存在问题才是最根本的方面。我们看问题必须首先面对具体性的东西。对我们来说，直接呈现给我们的就是"我们"自己，而将"我们"加以综合的就是所谓"民族"。当一个民族的存在样态凝聚为该民族某种核心的东西时，就会通过一定的"意味"表现出来，而这种"意味"又是通过"语言"来打开通道的。因此，一种意味或是一种语言，不外是某一民族过去乃至现在的存在状态的自我表述，也是具有历史传统的某种特殊文化的自我展示。由此我们可以说，意味和语言与民族意识的存在之间的关系，并不是前者的集合构成了后者，而是活生生的民族的存在创造了意味和语言。而且两者之间也不是一种局部先于整体的机械的构成关系，而是一种整体决定局部的有机构成关系。因此，某一民族所拥有的具体的意味和语言，必定体现该民族的存在，并带有该民族生活体验的特殊色彩。

本来，与自然现象相关的意味和语言具有很大的普遍性，但这种普遍性却不是绝对的东西。比如将法语中的"ciel"和"bois"与英语词汇"sky wood"以及德语的"Himmel Wald"相比较，其意味内容未必全然相同，但该国的任何一个人很容易马上就能领会。"Le ciel est triste et beau"中的"ciel"，和"What shapes of sky or plain?"中的"sky"，以及"Der bestirnte Himmel über mir"中的"Himmel"，由于国家及民族的不同，对这几个词的意味内容也有着不同的界定。有关自然现象的词汇尚且如此，那些关于社会特殊现象的词汇，在其他国家语言中就更加难以找到意味上严格对应的同义词了。比如说希腊语中的"城市"和"娼妇"这两个词，就带有与法语的"ville"和"courtisane"相异的意味内容。此外一个词汇的词源相同，它在成为某一特定国家的语言后，也会在意味内容上产生差异。就拿拉丁语的"Caesar"和德语的"Kaiser"来看，其意味内容也绝非完全相同。

用于描述抽象事物之意味的语言中也存在同样的情况。不仅如此，一些以某个民族特有的存在形态为核心而形成的语言，很显然在其他不存在相同体验的民族语言中是找不到对应词的。比如，"esprit"这个词语反映了法兰西国民特殊的性情和整个的历史。这个词及其意味实际上所表现的是法兰西国民的存在，因此不能从其他民族语言中找到完全相同的词。在德语中意思相近的一个词是"Geist"，但是"Geist"这个词义是由黑格尔哲学用语所确定下来的，因而它和法语的"esprit"含义并不相同。"Geist-reich"这个词语也没有完全包含"esprit"所具有的内容及色彩，除非是有意识地使用这个词语来翻译"esprit"。但这样一来，它本来的意味中就被强行赋予了新的色彩。不，毋宁说，是在原来的意味之外又导入了新的意味。于是，这个带有新含义的词语就已经不再是本国国民的有机创造，而是从其他国家机械引进的了。英语中的"spirit"或者"intelligence"和"wit"也都不等同于"esprit"。前二者含义难以涵盖，而"wit"则表达得过分了。再举一个例子。"Sehnsucht"是德意志民族创造的词语，与德意志民族之间存在着密切关系，它表达的是被阴郁的气候水土和战乱所困扰的民族对光明的幸福世界的无限憧憬。对柠檬花开的国度的那种向往，并非只是迷娘[1]式的思乡之情，而

---

[1] 迷娘：德国诗人歌德《威廉·迈斯特的学习时代》中的人物。

是德意志民族对明媚的南方地区所带有的惆怅的憧憬，"是对梦中也遥不可及的未来，对雕刻家们所梦想的更温暖热情的南方，对众神载歌载舞、不以裸体为耻的那个地方"所具有的憧憬[1]，是尼采所说的"flügelbrausende Sehnsucht"（展翅飞翔的渴望），是全体德意志人共同的向往。然后，这种惆怅的情绪便被作为"noumenon"（本体）的世界，而具有了一种形而上的情调。

因此，无论是英语的"longing"还是法语的"langueur""soupir""desir"等，都无法反映出这个德语词完整的含义。法国学者布特鲁在题为《神秘说之心理》一文中，论述了"神秘说"，他认为："它的出发点是一种很难定义的精神状态，德语的'Sehnsucht'很好地描述了这种状态。"[2] 他承认法语中没有一个词能够表达"Sehnsucht"所具有的含义。

"意気"（いき）这个日语词也带有显著的民族色彩，我们来看看在欧洲语言中能不能找到相同意义的词汇。英语和德语中此类意味的词语几乎都是来自法语。那么，法语中有与"意气"相对应的词语吗？

首先来看"chic"（时尚的、别具一格的）这个词语。英语和德语中原封不动地借用了这个词，而在日语中，这个词也常常被译作"意气"。关于这个词汇的词源，有两种说法：一种说法是，这个词是"chicane"的省略，原本的意思是精通如何将审

---

[1] Nietzsche, Also sprach Zarathustra, Teil Ⅲ, Von alten und neuen Tafeln. ——原注
[2] Boutroux, La psychologie du mysticisme(La nature et l'esprit,1926,p.177)——原注

判秩序搅乱的"巧妙诡计";另外一种说法是,"chic"的原形是"schick",是从"schicken"演变而来的德语,和"geschickt"一样是在许多事情的处理上手段"巧妙"的意思。法语中引进了这个词以后,意味有所改变,用来表示趣味的"élégant"(优雅)。之后,这个包含了新意味的"chic"又作为法语词汇再次被德语辗转引入。因此,这个词语现在所表达的,绝对不是像"意气"那样的特定的意味,其外延更为宽泛。也就是说,它包含了"意气""上品"等词义的要素,与"粗野""下品"等相对立,表达趣味上的"纤巧"或者"卓越"。

再来看看法语词汇"coquet"。这个词语来源于"coq",描述了一只公鸡被几只母鸡团团围住的情形,有表达"媚态"的意思。这个词也被英语和德语原封不动地引入了。在德国,18世纪时有人曾想用"Fangerei"来代替"coquetterie",但"Fangerei"终究没能流行开去。"coquetterie"这个"法国式"的词语确实体现了"意气"的一部分意味。但同时,这个词如果不附带某种语境,就依旧不能表达"意气"的意味。不仅如此,它还会根据不同的语境与词语组合,而变成"下品"或者"浅薄"的意思。卡门唱着《哈巴涅拉舞曲》选段向唐·豪塞献媚的态度,可以说是"coquettene"的,但绝不是"意气"的。此外,法语中还有"raffiné"一词。它来自意为"做得更精细"的"raffiner"一词,表示"洗练"的意思,这个词语也输入到了英语和德语中。这个词固然也表达了"意气"中所包含的某种语义,但要真正形成"意气"的意思，还需要其他重要因素。而且，"raffiné"这个词在某种情况下，还会变成与"意气"的意思相对的"涩味"的意思。

总之，欧洲语种中虽然存在和"意气"类似的词，但无法找到在意义上与之完全等同的词。很显然，"意气"是东洋文化——更准确地说，是大和民族对自己特殊存在形态的一种显著的表达。

本来，纯形式的抽象方法，从西洋文化中寻找和"意气"相类似的词，也并非完全不可能。但是，对于理解作为民族存在样态的语言文化现象时，这并不是一种正确的态度和方法。对于包含着特定的民族性、历史性的某一现象，如果通过人为地随意转换，在可能的范围内将其"理论化"，那么所能得到的只不过是包含了某种现象的抽象的类概念而已。要理解文化现象，关键是要完整地、如实地把握其活生生的存在形态，不忽略任何具体事实。

法国哲学家柏格森曾说过，在"嗅到玫瑰香味而回想过去"的时候，并不是说玫瑰的香味让人回想过去，而是在玫瑰的香味里面，嗅出从前的回忆。现实中并不存在固定不变的玫瑰香味，也不存在五洲四海皆能通用的类概念，有的只是各种不同事物的味道。将玫瑰香味这种一般的东西，和"回想"这种特殊的东西联系起来，用以说明某种体验，这就如同把各国通用的罗马字母表中的几个字母排列起来，然后来确定各国特有的发音一样。[1]

---

[1] Bergson,Essai sur les donnees immediates de la conscience, 20e ed，1921，p.124.——原注

而从形式上把"意气"抽象化，然后从西洋文化所存在的类似现象中寻找普遍共同点的做法，和上述做法并无区别。在考察如何把握"意气"这种现象的方法论时，我们面对的正是"universalia"（普遍性）的问题。

中世纪基督教思想家安瑟伦站在"类概念"是一种"实在"这一立场上，拥护三位一体的正统派信仰。相反，洛色林则站在"类概念只不过是一种名目而已"这一"唯名论"的立场上，主张圣父、圣子和圣灵是三个独立的神，而甘愿承受人们对他的"三神说"的攻击。在"意气"这个问题的理解上，我们要有成为一个"异端者"的思想准备，从唯名论的角度来解决"universalia"问题。也就是说，我们不能把"意气"单纯看作是一种概念，然后归纳出一个将之包含在内的抽象的、带有普遍性的类概念，这种倾向于"本质直观"的做法是要不得的。对"意气"意味的体验性的理解，必须是具体的、事实性的、特殊的"存在体验"。我们在叩问"意气"的"essential"（本质）之前，必须先叩问其"existential"（存在、实在）。一言以蔽之，对"意气"的研究不应该是"印象性"的，而应该是"解释性"的。[1]

那么，在具体的民族文化形态中所体验的"意气"的意味，具有怎样的构造呢？我们必须首先领会"意识现象"中存在的

---

[1] 关于"印象的"和"解释的"意味以及"本质"和"存在"的关系请参照下列书籍：
Husserl, Ideen zu einer reinen Phänomenologie, 1913, I, S.4, S.12.
Heidegger, Sein und Zeit, 1927, I, S.37f.
Oskar Becker, Mathematische Existenz, 1927, S. 1.——原注

"意气",然后再进一步理解"客观表现"中存在的"意气"。忽视了前者,或者将研究的前后顺序加以颠倒,都不可能真正把握"意气"。很多人在试图阐明"意气"的含义时,都会陷入这样的谬误。他们往往先以"客观表现"为研究对象,然后在这个范围内概括出一些普遍性的特征,这样一来,就会连"客观表现"范围内的民族特性也难以把握。另外,如果把对于"客观表现"的理解直接看作是"意识现象"的理解,那么对作为"意识现象"的"意气"的解释会流于抽象的外部表现性,也就无法具体地、解释性地阐明具有历史性和民族性的"意气"的存在状态了。我们必须从与此相反的方向,从具体的"意识现象"入手开始我们的研究。

二　淡茶褐色的"意气"

要领会意识现象中的"意气"的意味，我们面临的第一个课题，就是要识别"意气"这个词的意味内容形成的特征，并理解、判明它的内涵。接下来的第二个课题，就是要从外延上说明它与其他类似词语的区别，以便进一步使它的意味明晰化。只有从内涵和外延两个角度上来解析"意气"的构造，我们才能彻底理解它。

首先，从内涵的角度来看，"意气"的第一表征就是对异性的"媚态"。[1]

"意气"原本是形成于两性关系中的，对此，我们可以从"意气事"（いきごと）就等于"情色之事"这一点上清楚地看出来，所谓"意气话"（いきな話），指的就是与异性交往有关的话题。而且，"意气事""意气话"还隐含着这种异性间的交往非同寻常的意思。近代作家近松秋江在题为《意气的事》的短篇小说中所

---

[1] 媚态：原文"媚態"，假名写作"びたい"。与汉语的"媚态"含义相同，但不含贬义，是个中性词。大体指一种含蓄的性感或性别引力，也可以译为"献媚"。

说的"意气",是指"围着女人转"。这种异性间的不寻常交涉不可能在没有"媚态"存在的情况下进行。换言之,决定"意气事"的,必定有某种程度的"媚态"。

那么,"媚态"又是什么意思呢?所谓"媚态",是指一元存在的个体为自己确定一个异性对象,而该异性必须有可能和自己构成一种二元存在的关系。因此,"意气"中包含的"なまめかしき"(娇媚)、"いろっぽい"(妖艳)、"いろけ"(色气)都来自于以这个二元关系的可能性为基础的张力。也就是说,"上品"这个词,相比之下就缺乏这种二元性。二元关系的可能性是"媚态"存在的本质根源,当与一个异性身心完全融会、张力消失时,"媚态"自然就消失了。"媚态"是因为有征服异性的假想目的而存在的,必定会随着目的的实现而消失。现代作家永井荷风在小说《欢乐》中写道:"没有比想要得到、而又被得到了的女人更可怜的了。"这话指的是曾经活跃于异性双方之间的"媚态"自行消失后,所带来的那种"倦怠、绝望、厌恶"感。因此,要维持此种二元关系,也就是要维持这种"可能性"使之不消失,这是"媚态"存在的前提,也是"欢乐"的要谛。

但有趣的是,"媚态"的强度不会随着异性间距离的接近而减少。距离的接近反而会使"媚态"得以强化。"媚态"的要领就是尽量贴近对方,把距离缩小到最小限度。"媚态"的可能性实际上是一种动态接近的可能性,这就如同阿喀琉斯"迈开他的长腿"无限接近于乌龟的神话故事所讲述的那样。某种意义上来讲，我们不能不承认芝诺提出的悖论是言之成理的。[1]

所谓"媚态"，从完全的意义上说，就是必须把异性之间的二元的、动态的可能性，永远作为一种"可能"，并将这种"可能"加以绝对化。在"被继续的有限性"中不断行动的放浪者、在"恶的无限性"中陶醉的淫荡者、"没完没了"地追逐不舍的阿喀琉斯，这样的人才明白什么是真正的"媚态"。因此，这种媚态为"意气"定下了"いろっぽい"（妖艳）的基调。

"意气"的第二表征就是所谓"意气地"[2]。作为意识现象之存在样态的"意气"，鲜明地反映了江户时代文化中的道德理想，其中就包括"江户儿"[3]的气概。纯正的"江户儿"骄傲地宣称："箱根[4]以东没有粗人和怪物。"那些"江户之花"[5]奋不顾身地扑灭火灾，他们在严寒中只穿一双白袜，单裹一件披风，崇尚那种"男人气概"。在"意气"中，"江户的意气冲天[6]"和

---

[1] 古希腊哲学家芝诺曾提出了一个悖论，认为希腊神话中的飞毛腿阿喀琉斯永远追不上乌龟。因为当他追到乌龟的出发点时，龟已经向前爬行了一段路；他再追完这一段路，龟又向前爬了小段路。如此重复下去，总也追不上乌龟。
[2] 意气地：假名写作"いきじ"。顾名思义，就是"意气"有其"地"（基础），也就是"有底气""有骨气"的意思，也含有倔强、矜持、傲气、自重自爱之意。"意气地"与武士道的理想主义的"义理"观念似有深刻联系。
[3] 江户儿：在江户土生土长的人，以性格直爽、豪放、洒脱著称。
[4] 箱根：箱根即箱根山，在今神奈川县，江户（今东京）的西部。
[5] 江户之花：江户时代对奋不顾身的消防员的美称。
[6] 意气冲天：原文"意気張り"。

"辰巳[1]中的侠骨"是不可缺少的,也不能缺少"英气""勇气""侠气"等不可侵犯的气魄和气概。他们说:"粗人只能蹲在墙根外。三千栋游廊中,竞争的就是'意气地'。""意气"不单是一种"媚态",同时也是一种与异性相对抗的强势姿态。

在《钵卷江户紫》[2]中,作为"意气"之化身的男主人公助六,常常打架逞能,大叫:"小子们!快过来跪拜老子!"而"面色若淡红樱花"的三浦屋艺妓扬卷,也拒不接受大胡子意休的情意,说道:"扬卷我虽然并不知情,但即便灯光昏暗,我也不可能将你和助六两人搞错。"显示了决不低头屈尊的态度。所谓"只有坚持'色'与'意气地',才真叫'意气'"指的就是这种情形。在这种精神氛围中,后来又有高尾、小紫[3]等人物形象出现。在这种"意气"中,包含了泼辣而富有生气的武士道理想。从"武士没饭吃也要装着剔牙"的心理,到江户儿"钱不过夜"的挥霍豪放,乃至后来蔑视街头流莺和那些"轻易对客人动心的艺妓"的清高,都是"意气"凛然的表现。"倾城女不是金钱能买的,内心必须怀有'意气地'",这是游里中人的共识。"不沾金钱等浊物,不知东西的价钱,不说没志气的话,如同贵族大名家的千金",这些都是对江户高级游女的赞美之词。"决不给五丁町抹黑,

---

[1] 辰巳:江户深川地方的妓院街。
[2] 《钵卷江户紫》:江户时期歌舞伎的热门曲目,故事讲述美貌艺妓扬卷因不愿理睬有钱有势的富豪意休而引发争执,一位游侠(助六)路见不平拔刀相助的故事。
[3] 高尾、小紫:江户时期名妓,其故事后曾被编入歌舞伎和净琉璃中而为人所知。

决不损吉原之名"[1]，抱着这种心态，吉原的游女们都要立下誓言："有钱的粗人来多少次都不接""名声败不起，轻易不能解衣裙"。像她们这种带有理想主义的"意气地"（矜持），正是一种升华了的媚态，也是"意气"的特色之所在。

"意气"的第三表征是"谛观"[2]，也就是基于对自我运命的理解基础上的一种不执着与超然。"意气"是纯洁无垢的，而且必定抱有一种淡泊、轻快、潇洒的心情。这种解脱是由何而产生的呢？作为异性间的通道而存在的特殊社会[3]，常常会让人经受恋爱幻灭所带来的烦恼。"清心先生啊，偶有相逢却又离去，你到底是佛还是鬼？"这恐怕不光是十六夜[4]一个人的感叹。注入灵魂的真心却三番五次遭到无情的背叛，一次次经受烦恼磨炼的心，对虚伪的行径不屑一顾。失去了对异性的淳朴的信赖之后，所形成的"谛观"之心，不付出代价是不会得来的。正所谓"浮世事事难遂愿，对此必须要谛观"，这之中隐藏着的是"薄情、花心，男人没个好东西"的烦恼体验，和"缘分比线还细，轻轻一碰就断"这样无法摆脱的宿命。不仅如此，还具有"人心好比

---

[1] 五丁町、吉原：江户时期的妓院区。

[2] 谛观：原文"諦め"（あきらめ），是一种洞悉人情世故、看破红尘后的心境。"諦め"的词干使用的"諦"字，显然与佛教的"四谛"（苦、集、灭、道）之"谛"有直接关系。佛教的"谛"是真理之意，"諦め"就是掌握真理，达到根绝一切"业"与"惑"、获得解脱的最高境界。故这里借用佛教的"谛观"一词来翻译"諦め"。从美学上看，"谛观"就是一种审美的静观。

[3] 特殊社会：似指妓院。

[4] 十六夜：净琉璃《十六夜清心》爱情故事中的女主人公，妓女。

飞鸟川，时深时浅难蠡测"这样的怀疑倾向，以及"干我们这行的人，既没有自己觉得可爱的人，反过来觉得我们可爱的客人，找遍这宽广的世界怕是也没有"这样的厌世的结论。"意气"在年长的艺妓身上往往比在年轻艺妓身上更容易找到，原因也许就在这里。[1]

总而言之，我们可以从"浮生若梦、身如飘萍"这种"苦界"中找到"意气"的源头。"意气"所具有的这种"谛观"和"超然"，来源于受过苦难、被辛酸的人生经历磨炼过的心，来源于摆脱了对现实一味的执着之后，所具有的那种一无牵挂的潇洒与恬淡。所谓"粗人经磨炼也会有意气"，说的就是这个意思。在妩媚、坦然的微笑中，在真诚的热泪流过之后的泪痕中，才能看出"意气"的真相。"意气"的"谛观"或许就是从烂熟的颓废中产生出来的。而其中潜藏的体验和批判性的识见，与其说是从个人获得的，不如说是从社会中继承来的更为确切。不管怎样，"意气"中包含了对命运的"谛观"以及基于这种"谛观"的恬淡，是不可否认的事实。此外，佛教视流转、无常为"差别相"，以空无、涅槃为"平等相"，佛教的世界观教导人们，对待恶缘

---

[1] 《春色辰巳园》卷七写道："想到随着年龄增大，以后会变成'意气'的女人，现在就禁不住开始期待着了。"《春色梅历》卷二中也有"素颜的、'意气'的中年女人"这样的词句。同书卷一还有一段话："听说有一位'意气'的漂亮的老板娘，我想是不是搞错了，再仔细一问，老板娘的年龄确实比您还大。"也就是说，这里用"意气"来形容的女性，都比这男性年龄要大。一般说来，"意气"中包含着见识，因此把"年功"作为前提。"意气"的主体必须是"纯洁无垢的、经受过磨炼的人"。——原注

要谛观，对待命运要静观。这种宗教人生观对"意气"的强调和纯化无疑是有作用的。

综上所述，在"意气"的构造中，包括着"媚态""意气地"和"谛观"三个要素。其中，第一位的"媚态"构成了基调，第二位的"意气地"和第三位的"谛观"为其确定了民族的、历史的色彩。第二和第三表征，乍看上去似乎和第一表征的"媚态"难以相容，然而，它们难道真的不相容吗？如上所说，"媚态"原本的存在基于一种男女二元对立的可能性。而第二表征"意气地"则是理想主义下的强势心态，可以为"媚态"的二元可能性提供更强的张力和更大的持久力，使得这种可能性能够作为可能性而一直存在下去。换言之，"意气地"突显了"媚态"的存在，使其更加光彩照人，角度更加尖锐。用"意气地"来限定"媚态"的二元可能性，归根结底是出于对自由的维护。第三表征"谛观"也绝不是和"媚态"不相容。从"媚态"的存在并不是为了达到某一设定的目的这一点上说，"媚态"是忠实于自我的。因此，"媚态"对其目的抱着"谛观"的态度，不仅是合理的，反而为我们显示了"媚态"的根本存在。"媚态"和"谛观"的结合，意味着命中注定的对自由的归依，意味着可能性的命题是由必然性所规定的。也就是说，我们可以从中看到由否定所造成的肯定。总之，在"意气"这样一种存在中，"媚态"是基于武士道理想主义精神的"意气地"和以佛教的非现实性为背景的"谛观"而产生并完成的。因此,"意气"就是媚态的"粹"。[1]

"意气"对种种廉价的现实规律不放在眼里,大胆地给现实生活打上括弧,超然地呼吸着柔和的空气,做无目的、漠不关心的自律性的游戏。一句话,是一种为了"媚态"的"媚态"。恋爱的认真和虚妄,由于其现实性和不可能性而与"意气"的存在相悖。"意气"必须是超越恋爱束缚的自由与花心。所谓"比起透出月光,还是黑暗为好",说的就是一颗在真爱中迷失的心。"花前月下"这一说法,对恋人来讲却又变成让人气恼的"意气之心"了。"相恋在意气的浮世,又想生活在俗世中"[2],这就突出了恋爱的现实必然性与"意气"可能的超越性之间的对峙。"一提'意气'就兴奋的同伴""不知为何又想尝尝单相思的滋味

---

[1] 在我们看待这个问题的时候,不妨把"意气"(いき)和"粹"(すい)看成是意思相同的两个词。式亭三马在《浮世澡堂》第二编的上卷中,写到了江户女子和关西女子之间关于颜色的对话。江户女子说:"淡淡的紫的颜色真是'意气'呀。"关西女子:"这样的颜色哪里'粹'呀!我最喜欢江户紫。"也就是说,这里"意气"和"粹"的意思完全相同。在关于颜色的对话后,三马巧妙地让这两个女子用江户方言和关西方言对话,带出两种方言的微妙差别。不仅如此,他还让两人围绕"すつぽん""まる""から""さかい"等江户方言和关西方言中的意思的不同而斗嘴争吵。"意气"和"粹"的区别可能是江户方言和关西方言的区别,由此也许可以确定这两个词开始频繁使用的历史年代(参见《元禄文学辞典》《近松语汇》)。当然,这不单是空间与时间的不同,有些时候,"粹"多用于表示意识现象,而"意气"主要用于客观表现。比如,《春色梅历》卷七中有这样一首流行小曲:"气质粹,言行举止也意气。"但是,正如该书第九卷中"意气之情的源头"所写的那样,意识现象中用"意气"的例子也很多。《春色辰巳园》卷三中,有"容姿也'粹'的米八"一句,可见用于客观表现的时候,使用"粹"的也有不少。综上所述,不妨把"意气"和"粹"的意义内容看作是相同的。即使假定一种是专用于意识现象,另一种专用于客观表现,但由于客观表现本质上说也就是意识现象的客观化,所以两者从根本上意义内容是相同的。——原注

[2] 引号内的话似出自江户时代的有关作品。下同。

了",在这种容易失去恬淡洒脱之心的情况下,就不能不悲叹"越是沉溺于爱,越是落于俗套了",当"带着一点并不专一的爱"的时候,还在"意气"的范围内,但到了"本来是俗套之事,却以比翼鸟自况,发誓不离不弃"的地步,那就已经远离"意气"的心境了。这样一来,就不得不承受诸如"与'意气'之人不相称,却像个粗俗的武士"之类的挖苦嘲笑了。若自称"心中之烟火胜于砖瓦窑",那就"与'小梅'这个很带'意气'味的名字也不相符"了。司汤达所说像"amour-passion"(激情之爱)那样的陶醉,已经完全背离了"意气"的本质,而倾向于"意气"的人只会"amour-gofit"(品味爱),会在清淡的空气里采摘野菜,以求超然的解脱。而"意气"的色调也绝不会是洛可可时代的那种"连阴影部分都染上玫瑰色的画"[1],而是"过往的潇洒身姿,白茶裤裙"[2]中的淡茶褐色。

概言之,"意气"是带有日本国文化特色的审美意识现象,依靠道德上的理想主义精神和宗教的非现实性的"形式因",作为"质料因"[3]的"媚态"得以完成自我存在的实现。而且,"意气"可以逞纵无上的权威和无比的魅力。"遇到'意气'之人,明知是谎话也当真话听",这句俗话简单明快地表明了这一点。凯勒

---

[1] Stendhal, De l'amour, livre I, chapitre I.——原注
[2] 日本传统歌谣《一对草笠(対の编笠)》中的歌词,白茶色是一种淡茶褐色。
[3] 古希腊哲学家亚里士多德提出了事物存在的四因说,即质料因,形式因,动力因和目的因。

曼[1]在他的《漫步日本》[2]一书中这样描写一个日本女性："她呈现出的妩媚中有一种从欧洲女性身上无法看到的媚态。"或许他也感受到了"意气"的魅惑吧。

最后，我们把这个有着丰富色彩的作为意识现象的"意气"，通过理想性和非现实性来实现自我存在的"媚态"的"意气"，界定为：纯粹（谛观）、傲气（意气地）、色气（媚态）。这样界定是否可行呢？

---

[1] 凯勒曼：德国现代著名的作家，反法西斯战士。

[2] Kellermann, Ein Spaziergang in Japan, 1924, S. 256.——原注

三　意气的四个对应面

在上一节中，我们分析了"意气"这个概念所具有的种种内涵，并对"意气"做出明确的定义。在这一节中，我们将对"意气"和相关于"意气"的其他意味进行区分，从外延角度进一步辨明"意气"的含义。

与"意气"相关的含义主要有"上品"[1]"华丽"[2]"涩味"[3]等。从词源上来看，这些词语可以分为两组。"上品"和"华丽"的存在样态所属的公共圈，和"意气""涩味"所属的公共圈，其性质是不同的。似乎可以说，前者从属于"人性的一般存在"，而后者从属于"异性的特殊存在"。

这些词语大多有反义词。"上品"的反义词是"下品"，"华丽"的反义词是"朴素"，"意气"的反义词是"土气"。其中，只有"涩味"没有明确的反义词。我们一般把"涩味"和"华丽"看作是

---

[1] 上品：日语的"上品"除"上品"的本义外，还有高雅、高尚之意。
[2] 华丽：原文"派手"（はで）。
[3] 日语中的"涩味"（しぶみ）除指味觉上的涩味外，还有雅致、老练之意。

相对立的词语，但"华丽"已经有"朴素"这个反义词了。"涩味"这个词语很可能是来源于柿子的味道。但是柿子除了"涩味"以外也有"甘味"。涩柿子对应的是甜柿子，因此我们也可以认为，"涩味"的反义词就是"甘味"。从"涩茶"与"甜茶"、"涩皮"与"甘皮"这些意思相对的词语中，也可以表明这样一种对应关系。那么，这究竟是怎样一种对应关系呢？它和"意气"之间有着怎样的关联呢？

（一）上品——下品

这是基于价值判断的一种相对的区分，也就是对事物自身品质的区别判断。从词义来看，所谓"上品"是指品质优异的事物，"下品"是指品质低劣的事物。但这里的"品"的意思并不完全等同。"上品"和"下品"首先是对象物品的区分，同时也适用于人和事。"上品无寒门，下品无势族"[1]中的"上品、下品"一般被认为与人事关系，尤其是社会阶层性相关。歌麿[2]的《风俗三段娘》分为"上品之部""中品之部"和"下品之部"三部，分别描绘了当时属于上层、中层和下层的妇女风俗。此外，佛教

---

[1] 出典《晋书·刘毅传》。
[2] 歌麿：喜多川歌麿（1753—1806），江户时代后期的浮世绘画师，开创了喜多川画派。

用语中"品"用吴音[1]来读的时候，有时也表示极乐净土的层次性，这也可以看作是广义上的人事关系的一种表现。"上品"和"下品"的对立，在人事关系的基础上，更进一步用来表示人的趣味本身的性质，"上品"是高雅的，"下品"是低下的。

那么，"意气"和这些词语的含义之间有着怎样的联系呢？因为"上品"属于人性的一般存在这一公共圈，和"媚态"应该没有关联。《春色梅历》[2]中关于藤兵卫母亲有这样的形容描写："身段风姿，实属上品。"而这位母亲不仅是一位寡妇，并且是位"五十岁上下的出家人"。这就和藤兵卫的情妇阿由所展现出来的"媚态"形成了绝妙的对比。另一方面，"意气"还有另外两个因素："意气地"与"谛观"，基于这两个因素，我们可以将"意气"理解为"趣味的卓越"。因此，"意气"和"上品"的关系一方面都有着"趣味卓越、有价值"的意思，同时又在是否包含"媚态"这点上产生了歧异。同理，"下品"本身与"媚态"没有任何关联，"上品"也是同样，但它们又容易被理解为和"媚态"有一定关系。因此，我们在理解"意气"和"下品"关系时，一般认为其共同点是"媚态"的存在，不同点是趣味的高低优劣。"意气"是有价值的，而"下品"则是反价值的。这样一来，作为两者共同点的"媚态"自身好像也会随着趣味的高低而呈现不

---

[1] 吴音：古代日本人根据中国南方吴方言区的发音来读汉字的方法。
[2] 《春色梅历》：人情小说，作者为永春水（1790—1843）是江户时期著名"人情本"剧作家。

同样态。比如，我们可以从"有意气，不卑贱"[1]"意气，为人好，决不干卑劣的事"[2]中看出"意气"和"下品"之间的关系。

"意气"有时指"上品"，有时指"下品"，由此我们也不难理解为什么"意气"经常被认为是介于上品和下品的中间的存在。一般认为，在"上品"中添加某种性质会变成"意气"，而继续添加以至超过某种限度时就会变成"下品"。"上品"和"意气"都拥有"有价值的"这一共同的性质，但又根据是否具有"某种东西"而被区别开来。所谓"某种东西"是"意气"和反价值的"下品"所共同具有的。正是因为这个原因，"意气"会被看作介于"上品"和"下品"的中间者。然而，像这样线性地考察这三者的关系是次要的，在其规定性上，并非根本的东西。

（二）华丽——朴素

这是"对他性"样态上的区分。两者的区别在于是否对着他人进行自我主张，或自我主张的强度如何。所谓"华丽"就是叶片伸展出去，是"叶出"[3]之意；"朴素"是树根品尝土地的味道，是"地味"[4]之意。前者是走出自我的存在样态，后者则是沉入

---

[1] 出典《春色梅历》四篇序。原文为"意気にして賤しからず"。
[2] 出典式亭三马《浮世床》初编卷之上。原文："意気で人柄がよくて……"
[3] 叶出：日文假名写作"はで"，汉字通常写作"派手"，华丽之意。
[4] 朴素：日文作"地味"（じみ）。

自我的存在样态。走出自我的主体爱好华丽、花哨的装饰；而沉入自我的主体没有可展示的对象，因此不做装饰。丰太阁[1]那种要把自己的意志伸张到朝鲜去的个性，铸就了桃山时代豪华灿烂的文化。而家康[2]则有"别好高骛远""认清自己的身份"的"五字与七字"秘传，禁止家臣穿着华服，崇尚简素。由此显示出两者趣味的差异：也就是说，华丽和朴素的区分是一种不包含价值判断的非价值的东西，它们在积极与消极的意义上是相对立的。

从和"意气"的关系上来看，"华丽"和"意气"一样，存在着积极地展示媚态的可能性，这从"华丽的艳闻招人耳"[3]这句话中可以看出来。"内心的羞涩与华丽的姿容，哪个不是源于对男人的思恋？"[4]这句话也表现出了华丽和媚态之间可能的关系。但是，华丽所包含的自我炫耀与"意气"所包含的"谛观"是不相容的。

有女子在"江户褄"[5]下面故意露出加茂川染[6]的内衬，人

---

[1] 丰太阁：丰臣秀吉（1537—1598），安土桃山时期的著名武将，曾统一日本全国，两次发动侵朝战争。
[2] 家康：德川家康（1543—1616），江户幕府第一代将军。
[3] 净琉璃义太夫节《夕雾伊左卫门曲轮文章》中的一句唱词。原文为"はでな浮名が嬉うて"。
[4] 出典《春色梅历》三篇第十六句。
[5] 江户褄：江户时代女子穿的长装。
[6] 加茂川染：印染和服的一种，与织造和服相对。加茂川染又称京友禅染，是以糊置防染印花方法为主面形成纹样的技法之一，其特色是形成多彩华丽的手绘纹样，在近代的染织和服史上，特别是小袖纹样的发展中起着重要的作用。

们就说是"华服女子来京都炫耀江户",这里体现出了不考虑和谐统一只注重华丽浓艳的"华服女子"的心理,这和注重"光色暗淡的结城御本手缟[1],花色折到里子去,不招人眼"的所谓"粹者"的眼光有着显著的不同。因此,在对品质不考究的情况下,"华丽"往往暴露了趣味的低下,而被烙上"下品"的印记。与此不同的是,"朴素"从对他人的关系上看本来是消极的,因此不可能包含"意气"的媚态。但朴素中所显出的某种"寂"(さび)[2]的情调和"意气"中的"谛观"却有可能相通。在讲究品质的情况下,朴素经常被列为上品,这是因为其中包含着"寂"所具有的优雅闲寂的心境。

(三) 意气——土气[3]

这是基于异性交往的特殊性公共社交圈中的价值判断而"对自我"的一种确认。只要这两个词的对峙及成立具有异性交往的特殊性,那么"意气"中就有了对异性存在的设定。但是,"意

---

[1] 结城缟:日本结城地方特产的茧绸,是日本最古老的高级丝绸纺织品。其历史可以追溯到一千二百多年前的奈良时期。御本手是一种掺入红色蚕丝的竖织花纹。
[2] 寂(さび):日本传统美学尤其是俳谐美学的基本概念,在松尾芭蕉及其弟子的俳谐创作中得以完美表现。是一种宁静、简素、黯淡的色调,寂然独立、自由洒脱的精神状态。
[3] 土气:原文"野暮"(やぼ),也写作"野夫"(やぶ)。

气"与"粗俗"的相对立的意味所强调的客观内容,不是"对他者"的强弱或者有无,而是有关"对自我"的一种价值判断。也就是说,在"意气"和"土气"的对立关系中,就可以判断出某种特殊的高雅是否存在。所谓"意气",正如以上所说的,它在汉字的字面上写作"意气",顾名思义,它是一种"气象",有"气象的精粹"的意思,同时,也带有"通晓世态人情""懂得异性的特殊世界""纯正无垢"的意思。而"土气"(野暮,やぼ)是从"野夫"(やぶ)这个词音变化而来的,与"通人、粹客"相对,是不通城市世态、不解人情的乡巴佬的意思,逐渐又引申为"土里土气""不雅"的意思。《春告鸟》[1]中有这样的描写:"乡野村夫不解世间之事,连做梦都不曾梦见过青楼妓院。因此对风流客没少诽谤。"《英对暖语》[2]中还有这样的话:"我听说如果不像歌女那样'意气',就不入他的眼。像我这样有点土气的女子,他毕竟是不喜欢的啊!"

本来,说"我是个土气的人"的时候,很多情况下有着自负的一面,为没有经受过异性交往的特殊公共社交圈的熏染而感到自豪,这里面存在某些值得自负的因素。选择"意气"还是"土气",体现了两种不同的趣味,在客观上说,这里面不存在一种绝对的价值判断。但是,以文化存在的规定为内容而形成的对义词的意味,在加以肯定表述或否定表述时,一方面可以判断其成

---

[1] 《春告鸟》:为永春水的"人情本"作品之一,初版于1836年。
[2] 《英对暖语》:为永春水的"人情本"作品之一。

立的基础是本原性的还是非本原性的,同时也可由此了解使其意味内容得以成立的公共社交圈内的相对的价值判断。所谓"合理"或"不合理"这类说法,在以理性为基准的公共社交圈中才能成立,而所谓"信仰"或"无信仰"在宗教公共圈才能成立。这样一来,这些词语就在各个公共圈层内承担着明确的价值判断。"意气"也好、"粹"也好,都是肯定性的判断。而与此相反,作为"土气"的同义词,是"不意气""不粹"这样的否定性的词语。由此我们可以明白,"意气"的语义是本原性的,而"土气"是作为其反义词而出现的。并且我们可以想象,在异性的特殊性的公共交际圈内,"意气"是有价值的判断,而"土气"则是反价值的判断。从"老手"的角度来看,新手是称不上"意气"的。自己所具有的"城市派头"尚可称作"意气",而自己所厌恶的"市井气"就是"不意气"的了。过于青涩的恋爱也是俗气的,没有气质的女子哪怕化上浓妆也还是粗俗的。"不做'不粹'的事情,也不当一个不解游里风情的粗俗之人",这句话作为异性交往的特殊公共交际圈内的价值判断,体现了"不粹"和粗俗两者的反价值性。

(四)涩味——甘味

这一对词语是对他者的一种判断,而对自身并不包含任何价值判断。换言之,这两个词语的区别只是在于针对他者是积极的还是消极的。"涩味"表示的是对他者的消极性,柿子果实带涩味是为了避免被乌鸦啄食,栗子内侧包裹的苦涩的内皮是为了保护果实不被昆虫吃掉。人类用涩纸[1]包裹物品防止浸水,换上"涩面"[2]以避免与他人交流。"甘味"与此相反,表示积极地面对他者。撒娇的人和被撒娇的人之间常常开通着一条积极的通路。想取悦别人的时候会说甜言蜜语,心有打算的人会主动给人献上甘茶。

针对他者的"涩味"和"甘味"两个意义不同的词语本身,并不具有任何价值判断的功能。价值含义由各个不同场合及其不同背景自然生成。"涩巴巴的脸上涂抹江户水[3],简直是糟践好东西"中的"涩巴巴",是反价值的存在。而"涩腌鲇鱼肠"[4]中的"涩"则是表示美妙的涩味,表明涩味在这里是有价值的。至于"甘味",例如说茶中的玉露有"甘美的趣味",祭祀做得顺利,则称为"天降甘霖",爽快应承时叫"甘诺"。这里的"甘味"都具有价值意味。而"小死丫头"[5]"甜言蜜语""甜腻腻的文学"中的"甘"(甜),显然是表示反价值性的。

把"涩味"和"甘味"作为针对他者的积极或者消极的存

---

[1] 涩纸:柿漆纸,包装用纸。

[2] 涩面:愁眉苦脸。

[3] 江户水:当时的一种名牌化妆水。

[4] 涩腌鲇鱼肠:用鲇鱼的鱼肠或鱼子腌制而成的食品。

[5] 小死丫头:原文"あまっちゃ",其中包含着"甘"(あま)字,是骂女性的话。

在样态来理解时，两者从根本上说是从属于异性的特殊性的公共社交圈。这个公共社交圈内，对他者关系的常态是"甘味"，用"甜美撒娇""千娇百媚好风情"等说法来表达。而"涩味"则是对"甘味"的否定。永井荷风在小说《欢乐》中写到，他遇见了"在那个地方可以称为'大姐'的、年纪不小的涩女郎"，原来这个女子就是十年前和他有生死盟约的艺妓小菊。在这里，这个女子曾有的"甘味"现在被否定了，变成了"涩味"。"涩味"经常被用作"华丽"的反义词，不过，这样的理解会阻碍我们对"涩味"的正确把握。"华丽"的反义词是"朴素"，把"涩味"和"朴素"不加区分地看作是"华丽"的反义词，结果就会造成对"涩味"和"朴素"意思的混淆。"涩味"和"朴素"在表示针对他者的消极性这一点上是共通的，但"朴素"从属于社会交往的一般公共圈，其词义的形成和"甘味"毫无关联，而"涩味"则从属于特殊的异性公共社交圈，是作为"甘味"的否定而存在的。因此，"涩味"和"朴素"相比而言，有着更加丰富的过去和现在。"涩味"固然是对"甘味"的否定，但这个否定是在忘却的同时也存在回想之可能性的否定，这看上去像是一个悖论，但"涩味"中是有"艳"的成分存在的。

那么，"涩味""甘味"和"意气"有着怎样的关系呢？三者说的都是异性交往的特殊存在样态。我们注意到，把甘味看作是常态，在向着针对他者的消极性方向移动的时候，是经过"意气"而到达"涩味"的。从这个意义上讲，"甘味""意气"和"涩味"

"意气"的构造

是在一条直线上的关系。这样一来,"意气"就处在从肯定转向否定的中间位置了。[1]

打破独断的"甘"梦,具有批判性的"意气"便觉醒起来,这一点我们在关于"意气"的内涵构造的部分已经讲过了。我们还说过,"意气"是"为了媚态的媚态"或"自律的游戏"的形态,是通过"否定之肯定"而成为可能的。这也验证了从"甘味"向"意气"的推移过程。否定占优势而达到接近于极限时,"意气"就转变成了涩味。无疑,永井荷风所说的"涩女郎"自然也是从"甘味"经由"意气"而最后到达涩味的。歌泽[2]中包含的某种涩味也许是清元节[3]中存在的"意气"的样态化吧。辞书《言海》中对"涩"的解释是"低调的、意气的",这就承认了涩味是"意气"的样态化。此外,在上述的直线关系中,"意气"反过来回到甘味的情况也是有的。这也就意味着"意气"失去了其包含的"意气地"(矜持)和"谛观",剩下的是砂糖一样甘甜的、只说

---

[1] 正如《船头部屋》所描述的那样:"这里是城东南。喜撰说过,早茶中梅干配上甜糕团,是酸是甜,一咬就知道。"由此可知,"意气"的味道,亦即"粹"的味道是酸的。自然界中酸甜关系如何另当别论,在意识的世界中,酸味是介乎于甜味和涩味中间的味道。另外,"涩味"在自然界中经常用来表示尚未成熟的味道,而在精神界中则经常用来表示圆熟的趣味。广义的拟古主义崇尚颇有深意的古朴,其理由就在这里。可以认为,关于涩味,也有"正、反、合"的辩证法。所谓"黄莺啼声带青涩,酸桔春晓遍小野"中的涩味指的是第一阶段的"正";与此相对,甘味形成了第二阶段的"反",于是"朴素面子、花纹里子"的涩味,也就是在作为趣味的"涩味"中扬弃了"甘味"的元素,达成了第三阶段的"合"。——原注

[2] 歌泽:又称"歌泽节",江户时代的一种小曲。

[3] 清元节:日本三味线曲调的一种。

甜言蜜语的人格特征。国贞[1]笔下的女子形象从清长[2]和歌麿的风格中产生出来，也就是这样一个路径。

以上，我们已经对"意气"和其他几个主要的类似词语从语义上进行了区分。通过和这些类似词语的比较，作为语义体验的"意气"不仅具有客观性的语义，同时也意味着，它也成了趣味的价值判断中的主体和客体。结果，"意气"作为趣味价值体系的一员，它与其他成员之间的关系就有可能得到理解和把握。这种关系如下图所示：

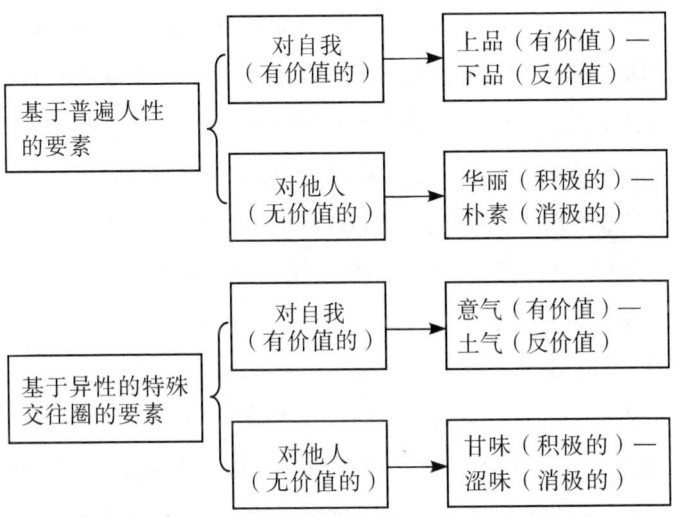

---

[1] 国贞：歌川国贞（1786—1865），浮世绘画家。
[2] 清长：鸟居清长（1752—1815），浮世绘画家。

本来，趣味总是根据各种不同的场合而伴随着主观的价值判断。但是，这种判断被客观明确地主张时，就不再停留在主观的层面，也不再采用暧昧的形式。我们假设前者为有价值的、后者为非价值的，这种关系就可以用右边的六面体来表示：

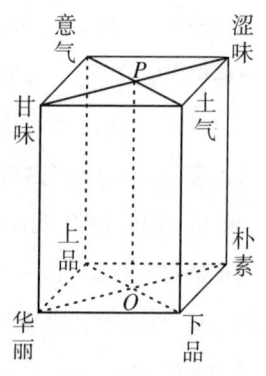

在这个图式中，正方形的上下两个面表示的是被称为趣味样态所规定的两个公共圈。底面所表示的是普遍的人性，顶面则是特殊的异性交往圈，八种趣味分别置于八个顶点。顶面和底面上的对角线两端的词，所表示的是趣味的对立关系。当然，我们并没有绝对地规定哪个和哪个是一对。顶面和底面上，由正方形的边线连接的两个点（如"意气"和"涩味"）、侧面矩形上的对角线连接点（如"意气"和"华丽"）、六面柱体的侧棱连接点（如"意气"和"上品"）、六面柱体的对角线连接点（如"意气"和"下品"），这些点之间也经常表示某种对立关系。换言之，所有顶点之间都是对立的关系。顶面和底面的正方形的对角线连接点是对立性最为明显的。我们认为，这些对立的原理来自于各个公共圈中"对自我"与"对他者"的性质。"对自我"中的对立是以价值判断为基础的，对立的双方呈现出有价值的和反价值的对照。而"对他者"中的对立与价值判断无关，对立双方分为积极的和消极的两种。在六面体中，"对自我"的价值对立和"对他者"的非价值对立，是通过上下正方形的两组对角线垂直截得的两个互相垂直的矩形平面来表现的。换言之，"上品、意气、土气、下品"四个对应的点形成的矩形表示的是"对自我"上的对立，而"华丽、甘味、涩味、朴素"对应的点形成的矩形表示的是"对他者"上的对立。我们把底面的正方形的两个对角线的交点标作O，顶面正方形的两个对角线的交点标作P，连接OP，中心线OP是"对自我"矩形面和"对他者"矩形面相交的直线，代表的是这个趣味体系内的具体性的普遍者。由内面的发展又出现了外围上的特殊趣味。这条OP线垂直地平分了"对自我"的矩形和"对他者"的矩形，其结果是，"O、P、意气、上品"所构成的矩形代表有价值性，而"O、P、土气、下品"所构成的矩形代表反价值性。同时，"O、P、甘味、华丽"构成的矩形代表积极性，而"O、P、涩味、朴素"所构成的矩形则代表消极性。

另外，我们也可以认为，这个六面柱体表面或者内部的某一个点也含有其他相同系统中的各种趣味。现在让我们举例来说明。

所谓"寂"，可以看作是由"O、上品、朴素"构成的三角形和"P、意气、涩味"构成的三角形而形成的三角柱的名称。我们大和民族在趣味上的特色就在这个三角柱上，并以三角柱的形式得以体现。

所谓"雅"[1]，可以从"上品、朴素、涩味"所构成的三角形为底面、以"O"为顶点形成的四面体中找到。

所谓"味"[2]，指的是"甘味、意气、涩味"所构成的三角形。"甘味、意气、涩味"作为异性交往之特殊存在的样态化，有可能构成一种直线的关系，对此我们可以从这个直角三角形的并非斜边的两个直角边上，想象从"甘味"到"意气"再到"涩味"的运动过程。

所谓"乙"[3]，或许在以相同的三角形作为底面、以"下品"作为顶点的四面体中是存在的。

所谓"气障"[4]，则位于"华丽"和"下品"相连接的直线上。

所谓"色气"[5]也就是"coquet"，是在顶面的正方形中形成的，但也投影于底面上。在顶面的正方形上，与"甘味"和"意气"的连接所构成的直线平行，并经过P的那条直线，和正方形的两条边相交形成两个点。这两个交点和"甘味、意气"所构成的矩形，整体上是"色气"。向底面投影的时候，与"华丽、下品"构成的直线平行，并经过O点的那条直线，而与正方形的两条

---

[1] 雅：假名写作"みやび"，日本传统审美观念之一。

[2] 味：假名写作"あじ"，味道、滋味、趣味。

[3] 乙：假名写作"おつ"，独特、别致、俏皮、风趣之意，作者在此把"乙"看作是日本人的审美趣味之一。

[4] 气障：日文写作"気障"，假名写作"きざ"或"きざわり"，指的是言谈举止、服饰打扮招人讨厌的意思。

[5] 色气：原文"色っぽい"。

边相交得到的两个交点，从而与"华丽、下品"构成的矩形，表示的是"色气"。可以想象，"上品、意气、下品"三个点相连形成的三角形，是从"上品"出发经由"意气"再向"下品"运动的。至于投影，往往比实物要黯淡一些。

所谓"chic"指的就是将"上品"和"意气"两个顶点连接起来的直线，整体上是模糊的。

所谓"raffiné"，就是"意气"与"涩味"连接的直线向着六面体的底面垂直运动，稍后静止，这个运动轨迹所形成的矩形就是"raffiné"。

总之，这个六面柱体的图式的价值就在于：其他相关系统的审美趣味，可以在六面体表面和内部特定的点的配置上，形成一种可能性与函数关系。

四　色气之身

前文已探讨了"意气"作为一种意识现象所具有的意义,现在还要从"意气"的客观表现形式入手,把它看作是一种可以理解的存在样态。能否把握"意气"的意味,取决于我们是否将后者作为前者的基础,同时去领会其整体构造。

"意气"的客观表现可分为两类,一是以自然形式表现出的"意气",即自然表现;一是以艺术形式表现出来的"意气",即艺术表现。但这两种表现形式是否能明确区别开来?[1] 换言之,所谓的自然表现形式归根结底是否只是艺术表现形式的一种?这类问题虽然颇值得玩味,但现在我们先不谈这个问题,只是为方便起见,姑且按照通常的思考方式,将其分为自然表现和艺术表现两类。

首先,我们从自然形式表现出的"意气"着手加以考察。虽然当人们以"象征性情感转移"的方式从自然界中发现自然的象

---

[1] 关于此问题,可参照 Utitz, Grundlegung der allgemeinen Kunstwissenschaft, 1914,I,S.74ff, 以及 Volkelt, System der Aesthetik, 1925,III,S.3f.——原注

征意义时，比如从杨柳或小雨中体味到"意气"的时候，就可以认为，这是属于"自发性的感情移入"之范围的"身体表达"这一自然的方式。

作为身体表达之"意气"的自然形式，在听觉上首先是言语，也就是言语表达。例如，"与男子搭话，不卑不亢而别有色气"，或者"言谈措辞不粗野"[1]等，均属此类，这种言语上的"意气"，通常表现于词语的发音方法及语尾音调的抑扬顿挫上。具体来说，即把通常说话时的词语发音稍微拉长，而后在结尾处突然加强语调的抑扬，这就构成了言谈中的"意气"的基础。这时，被拉长的音节和突然加以顿挫的音节，在词语的节拍上形成二元对立的关系，这种二元对立在"意气"中，可以理解为"媚态"所具有的二元性的客观表现。而在声调方面，比起尖锐的最高音，略有"寂"感的次高音更能显出"意气"。因此当词语节拍上的二元对立与次高音相结合时，"意气"的质料因与形式因也就完全被客观化了。

不过，在身体表达这种自然表现形式中，"意气"在视觉上表现得最为清晰，也更为丰富多彩。[2]

---

[1] 出典为永春水《春告鸟》第三编第十四章。

[2] 在理解"意气"的构造时，与味觉、嗅觉、触觉相关的"意气"也占有相当重要的地位。所谓"意气"的味道，并不只是由味觉形成的单纯的感觉。比如在为永春水《春色惠之花》中，被米八贬为"如此没有色气的酱烤团子"，其味觉效果就仅限于味觉。而"意气"的味道，则是需要在味觉的基础上加入嗅觉（如山椒芽及柚子）、触觉（如山椒及山葵）等其他要素的、有较强的刺激的复杂感觉。
但味觉、嗅觉和触觉等都无法作为身体所能表达的"意气"。这里的"意气"只是由"象征性情感转移"所产生的自然象征。不妨可以认为，作为由身体来表现的"意气"的自然形式，是与视觉和听觉相关的东西。——原注

与视觉相关的自然表现主要包括姿态、举止等广义上的表情，及支撑这一表情的肢体。首先，就全身而言，体态略显松懈就是"意气"的表现。比如在鸟居清长的画中，无论男子、女子、站姿、坐姿、背影、正面抑或侧面，在任何意义或意境中，其肢体语言都显示出惊人的表现力。"媚态"所具有的二元性构成了"意气"的质料因，它通过打破姿态的一元平衡，表现出了对异性的主动性和迎接异性的被动性。但同时，作为"意气"之形式因的"非现实的理想性"，又遏制一元平衡遭到破坏，并对这种破坏加以防控，从而也遏制二元性的放纵。因此，月亮神塞勒涅的妖冶之态和萨提尔之流所喜爱的"狄俄尼索斯祭女的狂态"[1]，也就是腰部左右扭动的极端露骨的西洋式的媚态，无疑都和"意气"相去甚远。"意气"是对异性发出的似有若无的暗示。当姿态上的对称性被打破的时候，中央垂直线向曲线移动变化时而形成的一种"非现实的理想主义"的自觉意识，在"意气"的表现中具有重要意义。

就全身的体态而言，身穿轻薄的衣物可以看作是"意气"的表现之一。"明石隐透绯缩缅"[2]所描述的，正是女子身穿"明石缩"的和服时，那绯红色内衣若隐若现的样子。同时，在浮世绘中也时常可以看到表现轻薄织物的作品。在这里，"意气"的

---

[1] 典出古希腊神话，萨提尔（Satyr），森林精灵，酒神狄俄尼索斯的随从，半人半羊，好色而快活，喜欢追逐山林女神以及参加狄俄尼索斯狂欢节的女人们。
[2] 原文："明石からほのぼのとすく緋縮緬"，是"五七五"格律的滑稽通俗的短诗"川柳"。其中"明石"指"明石缩"，是一种夏季用的高级轻薄型织物，"缩缅"是一种绢织物。

质料因和形式因之间的关系得到了表现：一方面轻薄织物的通透感打开了迎向异性的通道，但另一方面这一衣物本身又关闭了这一通道。虽然在波提切利创作的《维纳斯的诞生》中双手对裸体的遮掩使维纳斯倍添妩媚，但这种表现方式却因过分直接而不能称之为"意气"，至于巴黎夜总会中的裸体舞蹈，无疑更是和"意气"无缘了。

出浴后的姿态也可以看作是一种"意气"之姿。出浴后的女子能让人联想起不久之前的裸体，但同时眼前的女人却随意披了一件简单的浴衣，这时"媚态"及其形式因也就得以完全的体现。"每每沐浴归来，其身姿更显意气了"，这句话并不仅仅适用于《春色辰巳园》中的米八。在浮世绘中，对女子出浴后的"清爽"姿态的描绘也屡见不鲜。不仅春信[1]曾以此为题材，早在红绘[2]时代，奥村政信[3]与鸟居清满[4]等人都描绘过此类情景，可知这一题材是多么富有特殊价值。歌麿在创作《妇人相学十体》时，也不忘将出浴后的姿态作为一种体相。然而，在西洋绘画中虽然描绘入浴女子的裸体画面常常可见，而出浴后的女子形象却几乎看不到。

在作为表情的承载者的肢体中，可以说杨柳细腰的窈窕身姿

---

[1] 春信：铃木春信（1725？—1770），江户时代中期的浮世绘画师。

[2] 红绘：初期浮世绘版画，因使用红花花瓣制成的颜料而得名。

[3] 奥村政信（1686—1764）：江户初期的浮世绘画师，开创了奥村画派。

[4] 鸟居清满（1735—1785）：江户初期的浮世绘画师，鸟居画派的第三代传人。

是"意气"的客观表现之一。对于这一点，歌麿表现出了近乎狂热的信念。同时，文化、文正年间[1]相对于元禄时代[2]，更推崇那种窈窕纤细的典型美人。在《浮世澡堂》[3]中就曾出现"纤瘦、美丽、意气"[4]等一系列形容词。"意气"的形式因在于"非现实的理想性"。一般说来，在将非现实的理想性加以客观表现时，我们会自然而然地选择细长的样态。修长的体形显示了肌肉的不发达，但也更能暗示出灵魂的力量。一心想要描绘纯粹精神的格列柯[5]，一生都只画被拉长的东西。而哥特式雕塑也都以纤细为特征，我们想象中的幽灵也都具有细长的形态。因此只要"意气"仍然是被精神化的"媚态"，那么"意气"的姿态就一定要表现为纤瘦。

以上我们已论述了"意气"在体态上的表现，而对于面部，"意气"的表现也同样可分为作为载体的面部和面部表情这两个部分。在作为载体的面部，即脸形方面，就一般意义而言，长脸比圆脸更符合"意气"的要求。井原西鹤[6]曾说过："如今人时髦的面相是稍圆"，说明元禄时代理想脸形是丰腴的圆脸。但文

---

[1] 文化、文政年间：1804—1831年间。
[2] 元禄年间：1688—1704年间。
[3] 《浮世澡堂》：式亭三马(1776—1822)的滑稽小说，通过对公共澡堂的描写表现了当时的市井生活。
[4] 原文："細くて、お綺麗で、意気で。"
[5] 埃尔·格列柯（El Greco，1541—1614）：西班牙画家。
[6] 井原西鹤（1642—1693）：浮世草子（通俗小说）作家，著有《好色一代男》《日本永代藏》等。

化、文政时代却偏爱瘦长、显得潇洒的脸形,这证明长脸更符合"意气"的要求。这个结论得出的理由,当然与上文论述体形时的理由是一样的。

若要在面部表情上表现出"意气"来,则需要眼睛、嘴、脸颊等部位必须有张有弛,这与体态必须略微打破平衡是相同的道理。关于眼睛,流眄是"媚态"最普遍的表现。所谓流眄,即秋波,指通过瞳仁的运动向异性展示自身的妩媚,具体表现为飞眼、扬眉、低眉等动作。向侧面的异性送飞眼也是妩媚的表现之一。低着头而眼神向上,或从正面凝视异性,可以暗示出带有色气的羞涩,也是表现妩媚的手段。这些动作的共通之处就在于改变常态、打破眼光的平衡,以此表示对异性的关注,但是,仅此还不能称之为"意气"。因为是"意气"的,就要求带有能使人联想起水汪汪的眼睛的那种光亮,同时眼睛又必须在无言中有力地表现出一种谛观和傲气。嘴巴则具备了迎向异性的现实性,以其开合、一松一紧的运动而具有无限的可能性。以此为基础,嘴巴能够以极其明晰的方式表现出"意气"所要求的松弛与紧张。"意气"的"无目的之目的",以嘴唇轻微颤动时的韵律而被客观化。而口红则更凸现出了嘴唇的重要性。脸颊则演奏着微笑的音阶,在表情方面极为重要。当在微笑中表现"意气"时,比起快活的长音阶来,一般是选择略带伤感的短音阶。西鹤认为女子的脸颊带有"淡樱花色"是很重要的,而吉井勇[1]的一首和歌吟咏道:"因

---

[1] 吉井勇(1886—1960):大正、昭和时期和歌作家、剧作家。

为是美人，小夜子是凄艳的，好比是秋天。"可见能表现出"意气"的脸颊还需带有秋色。总之可以肯定的是，挤眉弄眼、噘嘴飞吻、撮嘴吹口哨等西洋式的低俗趣味，与"意气"是格格不入的。

在女子的化妆打扮方面，淡妆被认为是"意气"的表现。江户时代，京都、大阪的女子喜爱艳丽的浓妆，但江户人却将其视为低俗。江户的游女和艺妓都只是略施粉黛，并以"婀娜"自许。为永春水也曾说过："用洗粉清洁后，脸上略施仙女香，尤显高雅风韵。"[1] 据西泽李叟所言，江户女子的装扮"不像关西一带喜好涂很厚的白粉，而以淡雅、不醒目为佳，这就是江户女子略带男子之气的原因"。[2] "意气"的质料因和形式因是由于化妆而展现出"媚态"，而淡雅的妆容又将这种媚态限定在暗示性和理想性的层面。

简单的发型也有助于表现"意气"。在文化、文政时代，丸髻[3]和岛田髻[4]是较为正式的发型，且岛田髻也大多只限于文金高髻[5]。相反地，被视为"意气"的发型则是以银杏髻[6]和乐屋髻[7]为主的简单发型，即便是岛田髻，也多为散式或自由式等故

---

[1] 出典为永春水《春色梅历》第三编第十四节。其中，"仙女香"是当时的一种脂粉。
[2] 出典江户时代后期的歌舞伎剧作家西泽李叟（1801—1852）《皇都午睡》第三编下。
[3] 丸髻：已婚女性的发型之一，发髻呈椭圆形，略扁。
[4] 岛田髻：未婚女性的发型之一，前额头发略向外鼓，发髻中间以元结（发绳）固定。
[5] 文金高髻：岛田髻的一种，发髻位置较高。
[6] 银杏髻：前额头发向外鼓出，发髻呈银杏叶状。
[7] 乐屋髻：也称乐屋银杏髻，发髻位置较低。

意将正规的岛田髻打乱的发型。此外，尤以"意气"自居的江户深川地区辰巳的游里，更是偏爱不打发油的"水发"。《船头深话》[1]中这样描写道："把头发向后拢起来，再向上挽起，这就是'水发'之容姿""即便去往别处，单凭发型即可明白那是来自辰巳的女子"。打破正常的平衡，使发型略显松散，表现出了迎向异性的二元性的"媚态"，但松散程度甚为轻妙，又暗示出自身的"纯洁"。而"略带散乱的发髻"和"垂下青丝的鬓角"之所以能表现出"意气"，也都出于同一理由。另一方面，像梅丽桑德将长发抛向窗外的佩利亚斯[2]那样的举动，却毫无"意气"可言。一般而言，比起耀眼的金发，透出墨绿的黑发更适合表现出"意气"。

作为"意气"的表现之一，自江户时代起，除大户人家之外，一般女子中都流行一种"露颈"的和服穿法，微露的脖颈显示出了女子的"媚态"。喜田川守贞[3]在《近世风俗录》中这样写道，"颈上施粉称之为'一本足'，很是惹人注目"，并指出特别是游女和街上的艺妓多喜欢"在脖颈处施以浓妆"。这种做法主要是为了强调"露颈"所展示出的妩媚。由于"露颈"轻微打破了衣饰原有的平衡，隐约暗示出肌肤对异性的开放性，因而成为"意气"的表现之一。同时，"露颈"又不至于陷入西洋式晚装的那

---

[1] 《船头深话》：式亭三马的"洒落本"小说。
[2] 佩利亚斯、梅丽桑德：德彪西创作的歌剧《佩利亚斯与梅丽桑德》中的男女主人公。
[3] 喜田川守贞（1810—?）：江户时代后期学者。

种袒胸露背的低俗，故而具有"意气"之韵味。

行走时手提和服的左下摆，也是"意气"的表现。如当时的小说中所描述的那样："每走一步，红色的内衣与浅蓝缩缅的衣带若隐若现""缓步而行时，白皙肌肤与白色浴衣之间不时露出红色衣带，甚为美丽"。手提和服左下摆的姿态，确实符合"意气"的条件。在《春告鸟》一书中也有"一婀娜女子翩然而来""手提左下摆，玉足微现"的描写。同时，浮世绘的画师也会采用各种手法让画中女子露出小腿。手提起左下摆是用一种较为隐晦的方式将女子的"媚态"象征化。最近西方流行将一侧的裙边裁短，几乎露出了膝盖，并利用肉色丝袜制造视觉错觉。与此相比，"纤手微提左下摆"的做法在表现"媚态"方面要巧妙得多。

赤脚在一定的情况下也是"意气"的表现。虽然江户的艺妓会抱怨"赤脚太冷，虽然土气，还是想穿袜子"[1]。但她们仍然选择在冬季赤脚，结果许多追求"意气"的女子也纷纷效仿之。全身在和服的包裹之下仅露出一双玉足，这确实表现出了"意气"的二元性的张力。与西方崇尚的裸露全身、仅穿鞋袜的赤裸裸的样子相比，和服与赤脚之间的隐藏与裸露关系正好相反，这也正是赤脚之所以"意气"的原因。

手和"媚态"之间也有很大的关系。当女人以"意气"式的淡然的态度来魅惑男人时，仅以手部动作为手段的情况也不少

---

[1] 出典《春色梅历》第三编第十四节。

见。"意气"的手势就是将手略微反转和轻轻弯曲。在喜多川歌麿的部分绘画作品中，手是整幅画的重点。我们甚至可以说，在表现人物性格或显示人生体验而言，手的功能仅次于脸。为什么法国雕塑家罗丹经常仅仅以手作为创作对象，这是值得深思的。以手的姿势作为判断依据绝不是无意义的，凭借手指上的余韵，我们就有可能窥视到灵魂深处的秘密。而手之所以能够表现出"意气"，原因也正在于此。

以上论述了"意气"的身体表达[1]，尤其是与视觉相关的表现，并分别就体态、面部、头部、脖颈、小腿、脚以及手等部位展开了考察。"意气"作为一种意识现象，它面向异性，具有二元性张力的"媚态"，是由理想主义的非现实性来完成的。作为其客观表现的自然形式，重点就在于，它暗示性地采取了轻微打破一元平衡而形成的二元性的张力，由此，打破平衡后的二元性所形成的作为"意气"之质料因的"媚态"就被表现出来，从而也确认了作为打破平衡之形式因的理想主义的非现实性。

---

[1] "意气"在身体上的表达会自然地发展为舞蹈，这种推移和过渡是极其自然而然的。当成为舞蹈时也就可以称之为艺术了，而要在身体动作和舞蹈之间划清界线反倒显得很不自然。阿尔贝·梅崩在《日本的演剧》一书中曾指出，日本的艺人"在装饰性和叙述性的动作方面表现得极为巧妙"，并就日本的舞蹈发表了这样的意见："对于使用肢体语言表现思想和感情，日本流派有着取之不尽的智慧……主要通过脚部和小腿来控制和保持节奏，而身躯、肩、脖颈、头、手腕、手以及手指则都成为表达内心的工具。"（Albert Maybon: Le theatre japonais, 1925, pp.75—76）出于论述上的方便，我们姑且把身体表达看作自然形式，与舞蹈区别对待。但如果在此基础上将舞蹈作为"意气"的艺术表现形式之一加以考察，就会与关于"意气"的自然形式的考察相重叠，或者最多也只能是有一点点不同而已。——原注

五　竖条纹与鼠灰色

接下来，我们将探讨"意气"的艺术表现形式。

在"意气"的表现同艺术的关系上，客观性艺术和主观性艺术的表现方式存在着显著差异。根据表现手段，艺术大致可分为空间艺术和时间艺术，同时也可根据表现对象，分为主观艺术和客观艺术。所谓客观艺术，指艺术的表现内容被具体表象所规定，而主观艺术则指表现内容不受具体表象所规定，由艺术形成原理自由且抽象地完成。绘画、雕刻、诗属于前者，称为模仿艺术；纹样、建筑、音乐则属于后者，称为自由艺术。

在客观艺术中，作为一种意识现象或客观表现的自然形式的"意气"，以其具体形态直接构成艺术表现的内容。也就是说，绘画或雕刻可以将"意气"的自然表现形式直接作为内容加以表现，所以，在论述"意气"的表现或表情的时候，前文曾多次举浮世绘为例。此外，广义上的诗，即一般的文学性生产，除了能描写"意气"的表情和举止外，也可以把"意气"当作一种意识现象进行描述。因此，在把"意气"作为一种意识现象加以阐明的时候，我也曾引用了文学上的例子。但另一方面，客观艺术所具有的直接把"意气"作为表现内容加以处理的可能性，对于作为纯粹艺术形式的"意气"的完全展现却是一种妨碍。由于客观艺术已经直接把作为内容的具体的"意气"表现出来了，故而如何把"意气"作为一种艺术形式加以客观化，就不再那么加以要求和关注了。当然，所谓的客观艺术与主观艺术的区别并不是很严格的，只是一种类别上的区分，即使在客观艺术中，也能找到"意气"的艺术形式的形成原理。比如在绘画中，以轮廓为本位的线条画色彩不浓厚、构图不复杂，都成为符合表现"意气"的形式上的条件。此外，在文学作品的生产中，尤其是在狭义的诗歌中，就其韵律而言，我们也可以找到适合表现"意气"的艺术形式。例如，我们可以考察俳句和都都逸[1]的韵律与"意气"的表现之间存在何种关系。但尽管如此，在任何一种客观艺术中，"意气"的艺术表现并不是通过明确且唯一的形式鲜明地得到表达的；与此相反，主观艺术虽然难以直接表现"意气"的具体内容，只能完全采用抽象的方式来表达，但其结果，却使得"意气"的艺术表现形式更为鲜明。因而，"意气"的艺术表现形式主要应该从主观艺术，即自由艺术的形成原理中去寻找才行。

在自由艺术中，纹样同"意气"的表现存在着重大关系。那么，"意气"作为纹样的客观化又采取了何种方式呢？首先，这

---

[1] 都都逸：民间流传的一种俗曲，由七、七、七、五共26个音节构成，多用于表现男女之情。

之中必须具有"媚态"的二元性的表现。其次，这种二元性又必须同时带有"意气地"（矜持）和"谛观"的性格，并将其客观化。我们知道，在几何图形中，恐怕没有比平行线更适合用来表达二元性的图样了。两条无限延伸但又永远不相交的平行线，无疑是二元性最纯粹的视觉表现。因而在纹样中，作为纹样的条纹被视为"意气"的，那是绝非偶然的。

据《昔昔物语》[1]记载，过去普通女子都会穿金银线刺绣的窄袖和服，但游女却喜好条纹和服。虽然直到天明年间[2]，武士才被正式许可穿着带条纹的服装，但到了文化、文政时代，条纹的"缩缅"已成为风流游客的最爱。在《春告鸟》中，作者曾就"客人在女主人公面前的着装"写道："上穿深褐条纹南部缩缅外套……身披'唐栈'[3]短外褂……带芝麻秸条纹……此外将随身物品揣进怀里，须知这才是'意气'之趣。"此外在《春色梅历》书中，作者对米八寻访丹次郎时的服饰也有这样一段描写："身着灰色竖纹的上田绢织，配以黑色小柳[4]紫色天蚕条纹缩缅，腰缠鲸带[5]。"那么，是否所有种类的条纹都特别显得"意气"呢？

首先应该指出，在条纹中，竖条纹比横条纹更能凸显"意

---

[1] 《昔昔物语》：作者为财津种荚。
[2] 天明年间：江户时代中期，相当于1781年至1789年间。
[3] 唐栈：带有小竖纹纹样的藏青色织物。
[4] 小柳：平安王朝时代的一种杂艺，此处似指衣服花色，具体不详。
[5] 鲸带：像鲸鱼一样黑白表里不同的和服腰带。

气"。直到宝历年间[1]，和服的条纹都只是横条纹。当时的人把条纹称为"织筋"，意思是横条纹。因此，"熨斗目"[2]质地的和服腰间的横条纹，以及所谓"取染"[3]的横条纹等，都只是反映了宝历年之前的趣味。竖条纹流行于宝历、明和年间[4]，并于文化、文政时代发展成和服专用的条纹，其原因就在于竖条纹表现了文化、文政时代所追求的"意气"的趣味。

那么，为什么竖条纹比横条纹更为"意气"呢？原因之一就是竖条纹比横条纹更容易让人察觉到它是平行线。由于人眼的位置是一左一右，呈水平方向排列，以这样的左右平行的关系为基础，对于一左一右垂直方向上的竖条纹更容易察觉到；与此相反，对于一上一下、在垂直基础上平行的横条纹，双眼必须经一定的辨别才能察知它们的平行关系。换言之，基于人眼的位置，水平方向更能明确地展示事物之间的离合关系，因而竖条纹能让人清晰地意识到线条之间的平行对立，而横条纹却只有在线条的相继排列上才能使人意识到线条的延续性，这也就意味着竖条纹的特质更适合用来把握二元性的张力。

另一方面，重力的关系也是其中的理由之一。横条纹中透出一种反抗重力、向下沉稳的凝重感，而竖条纹却具有随重力下降

---

[1] 宝历年间：江户时代中期，相当于1752年至1763年间。

[2] 熨斗目：平织织物的一种，也多指以此制成的和服，腰间大多装饰有条纹。

[3] 取染：一种凸现横条纹纹样的扎染织物。

[4] 明和年间：江户时代中期，相当于1764年至1772年间。

"意气"的构造

的雨丝或柳条般的轻盈感。同时，横条纹因为向左右延伸而具备视觉上的扩大感，但竖条纹却因为上下运动而具有视觉收缩感。总之，竖条纹之所以比横条纹更具有"意气"的情趣，是因为它更明了地表现出了作为平行线的二元性，同时又更具有一种轻巧精粹的意味。

当然，横条纹偶尔也有使人感觉到"意气"的时候，但这种情况往往会受到种种特殊条件的限制。第一，当横条纹与竖条纹构成反衬关系的时候，也就是说，当竖条纹被扎得很紧的时候，横条纹会特别带有"意气"的感觉。比如在穿着竖条纹的和服时，腰系横条纹的腰带，或者当木屐的木纹或漆纹呈现竖条纹纹样时，为其配上横条纹的系带等。第二，是当横条纹与整体构成反衬关系时。比如身材苗条的女子穿横条纹的和服，那么横条纹的纹样也会显得特别"意气"。由于横条纹具有视觉上的扩张感，丰满的女子不宜穿横条纹的和服，相反，苗条的女子却非常适合。不过，这并不意味着横条纹本身比竖条纹更"意气"，只是人的体形本来就具备了"意气"的特征，为横条纹提供了一个背景，因而才使得横条纹显得"意气"。

第三，与人的感觉或情感的耐受性有关。换言之，当竖条纹对人的感觉或情感而言显得太过陈腐时，也就是当人的感觉或情感对竖条纹感受迟钝时，横条纹很可能会因其清新而让人体味到它的"意气"。最近，时尚界掀起了一股崇尚横条纹的复古风潮，出现了通过横条纹强调"意气"的倾向，原因主要就在这里。然而，为了探讨竖条纹和横条纹同"意气"之间的关系，我们必须脱离这些特殊条件的制约，将两者作为单纯的条纹式样，对其绝对价值进行判断。还有，在竖条纹中，"万筋"和"千筋"等极其细密的竖条纹样以及所谓"子持竖纹"和不规则竖纹等在线条粗细和间距等方面变化过多的纹样，由于缺乏作为平行线的二元性的张力，所以不能充分达到"意气"的效果。既然是"意气"的，条纹就必须具备适度的粗犷和简洁，使人能清晰地把握其二元性，这一点至关紧要。

当垂直方向和水平方向的平行线相结合时，也就产生了纵横纹样。但在表现"意气"方面，纵横纹样既不如竖条纹，也不如横条纹，其原因就在于在纵横纹中人们对平行线不容易把握。在纵横纹样中，虽然条纹相对疏朗的"棋盘格"纹样能够表现出"意气"来，但为了发现蕴藏于其中的"意气"，我们的双眼就必须不受平行的水平线的干扰，努力追寻垂直的平行线中的二元性。而且，当"棋盘格"朝左方或右方旋转四十五度静止后，即垂直的平行线和水平的平行线都失去了各自的水平性或垂直性，成为倾斜相交的平行线的时候，"棋盘格"所具有的"意气"便丧失掉了。因为在这种情况下，只要人从正面注视这一纹样，目光就会被引向两组平行线的交接点上，双眼就不能从中感受到平行线的二元张力了。不过，当"棋盘格"的格子纹样由正方形变为长方形时，也就形成了"格子纹"。"格子纹"因其细长的长方形的特点，往往比"棋盘格"更为"意气"。

有时将条纹纹样的某一部分加以擦磨，被擦磨的部分在整体中所占比重较小时，就形成了条纹与被擦磨的断续条纹相交错的图案；而这一部分所占面积较大时，也就形成了碎白点花纹。"碎白点花纹"和"意气"之间的关系，取决于未被擦磨的条纹部分能在多大程度上暗示出平行线的无限的二元性。

在条纹中，呈放射状汇集于一点的图案都不"意气"。例如雨伞撑开时集中于伞头处的伞骨、呈扇状集中于一点的扇骨、存在着中心点的蛛网，以及朝阳向四处散射出的光线等，暗示着这种形象的条纹都不是"意气"的表现。"意气"在表现上必须具有无专注、无目的性的特点，但放射状的条纹却因为汇集于一个中心点而达成了其目的，因而无法让人感觉到"意气"的存在。如果这种条纹也能让人感到"意气"的话，那么它就必须遮盖放射性，给人造成看似平行线的错觉。

纹样远离了作为平行线的条纹，因而它也就远离了"意气"。斗形、"目结"纹[1]、雷纹、"源氏香图"[2]等纹样，因为偶尔也能唤起人对平行线的感觉，特别是当此类图案构成纵向排列的纹

---

[1] 目结纹：原文为"目結"，指由正方形中内嵌一小正方形的图案构成的纹样。
[2] 源氏香图：一种较为复杂的图纹。源氏香，原指一种用于游戏的一套25根的香，由5种不同的香各5根组成。在游戏时，主持者先从这25根香中任意取出5根点燃并让游戏者辨别，而后游戏者可在纸上画5根竖线分别代表这5根香，再将自己认为属于同种类的香用横线在上部连接起来，完成后得到的图案就被称为"源氏香图"。这一游戏一共可画出52种图案。每种图案都分别对应于《源氏物语》中除去首尾两章（《桐壶》和《梦之浮桥》）的一个章节名，由此类图构成的纹样即"源氏香纹"。

样时，就有可能表现出"意气"的感觉。而"笼目""麻叶""鳞"[1]等纹样，因是以三角形为基础形成的，故与"意气"相去甚远。同时，较复杂的纹样往往不能称之为"意气"。比如六角形的"龟甲纹"虽然是由三组平行线组合而成，但对于"意气"的表现而言还是太复杂了。"卍"字图案虽含有一横一竖的十字结构，但其顶端呈直角伸出的部分难免给人以复杂之感，因而作为一种纹样是不"意气"的。至于"亞"字图案则更复杂。"亞"字在中国古代被用作官服纹样，据称是"取臣民背恶向善，亦取合离之义、去就之理"[2]，但这一图案未免太执着于对惩恶扬善、"合离去就"的象征化表现了。在"亞"字中竟出现了六次直角转折，这种"两己相背"[3]的"亞"字一点都不潇洒。可以说"亞"字纹样代表了中国的恶趣味，与"意气"的精神正好相反。

接下去让我们来看带有曲线的纹样。一般而言，此类纹样不适合于表现简洁流畅的"意气"。比如，当格子纹中穿插入螺旋状曲线时，格子纹的"意气"大半会丧失。如果把竖条纹都换成波状曲线的话，那么我们也很难从中体会出"意气"来。同样，当由直线形成的菱形分割纹样变成曲线的菱花纹样时，虽然纹样变得华丽起来，但"意气"的韵味却没有了。未打开的扇子，其

---

[1] 笼目：由形似竹笼眼的图案构成的纹样；麻叶：一种由麻叶状图案构成的纹样；鳞：一种由三角形构成的纹样。
[2] 出典《周礼注疏》卷二十一。
[3] 出典《周礼注疏》卷二十一。

扇纹仅由直线构成，因而可能有"意气"在；但打开的扇纹在显示出一条弧线的同时，"意气"的趣味也消失了。此外，出现于奈良时代之前的藤蔓花纹带有卷草图案的曲线，天平时代[1]的唐式花纹也多为曲线构成，都与"意气"相去甚远。而藤原时代[2]的环环相扣的连环纹，以及从桃山时代[3]风行至元禄时代的圆纹，也都因为由曲线构成，而无法满足"意气"的条件。本来，曲线同双眼的运动方式一致，对眼睛而言较容易把握，能给人以视觉快感，甚至有人进一步认为波状曲线具有绝对的美感。然而曲线对于表现具有简洁流畅、具有"意气地"（矜持）的"意气"而言，并不合适。有人曾指出："所有温暖的东西、所有的慈爱都具有圆或椭圆的形状，由螺旋或其他形式的曲线描绘构成。只有冰冷、无情的东西才会表现为直线并且有棱有角。假如士兵不是排成纵队而是围成圆圈，那么一场战斗恐怕也将变成一场舞蹈了吧。"[4] 然而，就如同"恕小女无礼，我便是扬卷"[5]这句话中的气势，隐含着一种曲线所无法表达的冷峻。由此可见，"意气"的艺术表现形式与所谓的"美的就是小的"[6]这一命题无疑是背道而驰的。

---

[1]　天平年间：奈良时代的年号，相当于729年至748年间。

[2]　藤原时代：指藤原家主持朝政的平安时代中期和后期。

[3]　桃山时代：指丰臣秀吉执掌政权的近20年，是日本古代中世到近世的过渡期。

[4]　参照 Dessoir,Aesthetik und allgemeine Kunstwissenschaft,1923,S.361.——原注

[5]　扬卷：歌舞伎《钵卷江户紫》中的主人公。见第15页脚注。

[6]　"美的就是小的"这一命题请参照 Theodor Lipps,Aesthetik,1914,I,S.574.——原注

相对几何纹样而言，绘画中使用的线条纹样恐怕无法称之为"意气"。《春告鸟》中就有一句话："金银丝线绣制的粗俗的蝶纹半襟[1]。"我曾经见到过这样一幅纹样：三条直线自上部垂直而下，在其一侧垂下三根柳条，其下部则摆着一片三味线的琴拨子，同时柳条中间还点缀着三朵樱花。虽然从该纹样的内容来看，对平行线的运用似乎隐含着"意气"，但就实际感受而言，该纹样确实完全没有"意气"却又极其高雅。绘画的线条纹样因其本身的特性不可能像几何线条纹样那样简洁地表现出二元张力，故而绘画的线条纹样不可能是"意气"的。光琳纹样[2]、光悦纹样[3]等之所以无法归入"意气"的范畴，原因也主要是在这里。因此，在纹样中能够客观表现出"意气"的，就数几何纹样了。几何纹样也是真正意义上的纹样，也就是说，只有几何纹样不受现实世界具体表象所制约，是能够自由创造着形式自由的艺术。

诚然，"意气"在纹样中的艺术表现形式除图形外还应考虑色彩。例如，当"棋盘格"中的格子由两种不同的色彩交互填充时，也就变成了"市松"纹。那么，纹样的色彩在何种情况下才是"意气"的呢？首先，井原西鹤所说的"十二色折叠腰带"、杂色经线条纹，以及"友禅染"[4]等起源于元禄时代的色彩，因

---

[1] 半襟：女子和服衬衣上装饰用的衬领。
[2] 光琳纹样：江户时代中期画家尾形光琳开创的绘画纹样的统称。
[3] 光悦纹样：江户初期艺术家本阿弥光悦所开创的绘画纹样的统称。
[4] 友禅染：京都传统工艺之一，在绢织物上绘图而后染色的传统技法。

过于繁杂，都不是"意气"的。图形和色彩之间的关系，表现为不同色系的两种或三种色彩之间的对比作用，从色彩上凸显出二元性，或者是通过同种色系在深浅或饱和度上的差异，为二元对立关系赋予特殊情调。但这种情况下所使用的色彩又该是怎样的呢？要表现"意气"，就不能使用鲜艳的色彩。[1] 作为"意气"的艺术表现，色彩必须以低调的姿态来主张其二元性。《春色恋白浪》[2] 中有这样一段描写："上衣的颜色花纹，是鼠灰色绉缩缅上以黄褐丝线汇成小棋盘格……腰带是古代风格本地纺织、不带博多地方出产的金刚杵花纹、用两条深褐色线织出的里外面不同的和服腰带……内外衣的袖口都精心地缝衬了松叶图案的御纳户[3] 色调的装饰，真是无可挑剔。"这里描写的色彩属于三种色系：第一是灰色系，第二是褐色系的黄褐色和深褐色，第三是青色系的藏青色和"御纳户"色。此外，《春告鸟》中也有"御纳户、深褐、鼠灰三色染成的若五分宽幅的手纲染[4] 的围裙"等描述，并说这些"可算得上'意气'的设计构思"。可见，"意气"的色彩应该不外乎灰色、褐色和青色这三种色系。

第一，灰色被誉为"深川鼠色辰巳风"，是表现"意气"的

---

[1] 美国国旗和理发店的招牌灯箱虽然也都是由条纹构成的，但却没有什么"意气"可言，主要原因在于色彩太艳丽。与此相反，妇女用烟管吸嘴和烟袋锅多是金属的，由银和红铜制成，呈略带青灰的银白色，并带有横条纹，与理发店灯箱上的条纹形状几乎一样，但色彩的效果却能给人以"意气"的感觉。——原注

[2] 《春色恋白浪》：为永春水的人情小说。

[3] 御纳户：放置衣物的屋子，这里代指一种青色。

[4] 手纲染：一种染织物，具体未详。

色彩。"鼠色"就是灰色，是由白向黑推移的无色彩感的过渡阶段。假如将具有色彩感觉的所有色系的饱和度都降到最低，那么所有颜色最终都将变成灰色，因此灰色是一种能表现出黯淡光感的颜色。要把"意气"中的"谛观"作为色彩来表现时，恐怕没有比灰色更合适的了。正因为如此，从江户时代起灰色（鼠色）就可分为"深川鼠、银鼠、蓝鼠、漆鼠、红挂鼠"等许多种类，作为"意气"之色而备受推崇。本来，如果仅仅就色彩本身来考虑的话，灰色因为没有"色气"而无法表现"意气"的"媚态"，就如同梅菲斯特所说的，灰色不过是一种违背"生命"的"理论"之色[1]。但在具体纹样中，灰色必然伴随着表现二元性张力的图形，于是在这种情况下，多数图形都表达了作为"意气"之质料因的二元性的"媚态"，而灰色则表现了"意气"的作为形式因的"理想主义的非现实性"。

第二，人们对茶色即褐色这样的能够表现"意气"之色的喜爱恐怕远甚于其他颜色，就如"最中意的不过茶色江户褄"这句话所表达的一样。同时根据褐色所带有的各种色调，其名称也是不胜枚举。仅以江户时代所使用的名称为例，以色彩本身的抽象性质命名的，有"白茶""纳户茶""黄茶""熏茶""焦茶""深茶""千岁茶"等；以该色彩的具体对象命名的有"莺茶""雀茶""鸢茶""煤竹色""银煤竹""栗色""栗梅""栗皮茶""丁

---

[1] 出典歌德《浮士德》中梅菲斯特的一句话："所有的理论都是灰色的，而生命之树常青。"

子茶""素海松茶""蓝海松茶""陶胚茶"等;而以喜好该色彩的戏子俳优来命名的,则有"芝玩茶""璃宽茶""市红茶""路考茶""梅幸茶"等。那么要问茶色究竟是一种怎样的色彩呢?它其实是在红色经由橙色向黄色过渡时的鲜亮色彩,加入黑色并降低饱和度后而形成的,也就是亮度降低后的结果。茶色之所以是"意气"的,就在于它一方面是一种华丽的色彩,一方面却又降低了饱和度,从而表现出懂得"谛观"的媚态和纯洁无垢的色气。

第三,青色系为什么是"意气"的呢?一般而言,若问那些饱和度未曾降低的鲜亮色系中,哪些颜色是"意气"的呢?那么答案一定是:某种意义上带有黑色的色调。那么"带有黑色的色调"又是怎样的色调呢?根据浦肯野现象[1],那就是带有夕暮的色调。赤、橙、黄对于视网膜的暗适应不相适合,在视觉神经逐渐适应黑暗时,它们就消失了。与此相反,绿色、青色、深紫色则会留存于视觉神经中。因而,单就色系而言,我们可以说能产生同化作用的绿色、青色比产生异化作用的红色、黄色更加"意气"。同时,也可以说,比起暖色调的红色,以蓝为中心的冷色调无疑更为"意气",因而藏青和蓝色都是"意气"的。而在紫色中,比起偏红的"京都紫",偏蓝的"江户紫"更被看作是

---

[1] 浦肯野现象:捷克学者浦肯野(Jan Evangelista Purkinje)发现,在很好的照明条件下,一张红纸、绿纸和蓝纸看起来亮度相等,但在弱光下,绿和蓝的颜色就会显得亮度更大些。这种在弱光条件下,人眼对波长较短的光的感受性提高,对波长较长的光的感受性则降低,这种现象就被称为"浦肯野现象"。

"意气"的。此外，绿色之所以比蓝色更适合表现"意气"，其原因一般与饱和度有关。比如"松叶色似的御纳户色"，或者墨绿色、茶绿色等颜色，都因为其饱和度偏低而更具"意气"的性质。

总之，能称得上是"意气"的色彩，往往是一种伴有华丽体验的消极的残像[1]。"意气"拥有过去，而生于未来。基于个人或社会体验产生的冷峻的见识，支配着作为可能性的"意气"。我们的灵魂在体味过暖色的兴奋后，终于在作为补色与残像的冷色中归于平静。同时，"意气"又在色气中隐藏着看不见的灰色。不限于染色之色，才是"意气"之色。它在肯定色彩的同时，又隐含着带黑色的否定。

综上所述，当把"意气"的纹样加以客观化，并具备了形状与色彩两个因素之后，作为形状，为了表现"意气"之质料因的二元性，而使用平行线；作为色彩，为了表现作为"意气"之形式因的"非现实的理想性"，而选择和使用略带黑色调的、饱和度较低的冷色调。

接下来我们要考察的是，在与纹样同属自由艺术的建筑艺术中，"意气"又是采用何种艺术表现形式加以表现的。

在建筑方面的"意气"必须从茶屋[2]建筑中去寻找。首先来看一下茶屋建筑的内部空间与外观之间存在的"合目的"的形式。一般说来，排除多元的二元性是构成异性间特殊关系的基础。为

---

[1] 残像：假名写作"ざんぞう"，留存在视觉上的印象。
[2] 茶屋：茶店、茶楼、茶馆，是在卖茶的同时提供社交休闲的场所。

此，为实现二元性，特别是二元之间排他的交流，建筑内部空间必须体现出排他的完整性和向心的紧密性。所谓"四个半榻榻米的小房间，以纸拉门相隔"，形成了与其他所有事物绝缘的二元的超越性存在，从而提供了"意气的、便于幽会的四个半榻榻米"。也就是说，作为茶屋的房间，"四个半榻榻米"是最典型的，不能远离这一标准。此外，只要建筑的外观间接限定了内部空间的形成原理，茶屋的整个外形大小就不能超越一定的限度。以上述两点为前提基础，接下去我们就来探讨茶屋建筑是如何将"意气"加以客观化表现的。

在"意气"的建筑中，无论内外都应通过选材和布局来体现"媚态"的二元性。选材方面的二元性，大多是通过木材和竹材的对照来表现的。永井荷风在《江户艺术论》中曾描写了这样的观察："住宅以高腰漆框纸障门窗为界，厅堂与厨房两处地方加上竹制雨廊，感觉形成了一个小庭院。洗手钵近旁的竹板则有常春藤缠绕，高高吊起的棚架上放有盆景。细观建筑结构表面，门下小屋檐、窗边遮雨板、收放箱以及墙板之间等细微之处，均施以装饰，如采用竹箔[1]、船板、洒竹，等等。"值得注意的是他还写了这样一句话："对我来说，谈论竹子的使用范围及其美学价值，是件饶有兴味的事。"关于竹材，前人有俳句："竹色青青，

---

[1] 竹箔：日文假名作"あじろ"，用杉、桧、竹等交错编出的装饰。

许由挂上水瓢，更显青色。"[1]"斑竹，掩埋了，我的眼泪。"[2]等。竹本身就带有浓郁的情趣色调。但在"意气"的表现中，使用竹材主要是为了与木材形成二元对立。在竹子之外，杉树皮也可同木材构成二元对立，因此常被用于建筑，以便表现"意气"。比如《春色辰巳园》的卷首就曾写道："笔直巨柱若贴以杉树皮，虽然不算是装饰，但与土地融为一体，故显洒脱之气。"

要在室内布局切割上表现出二元性，首先应使用不同的材料，来强调天花板和地板之间的对立关系。用完整的竹子或竹板排列成竹顶，其主要作用就是通过不同的材质突显天花板和地板之间的二元性。当然在顶部附上黑褐色的杉树皮，其目的也是要同青色的榻榻米形成对照。还有，在天花板上表现出二元性的情况也很常见。比如将天花板分成不均等的两部分，面积较大的部分制成"棹缘顶"[3]，较小的部分则以"竹箔"装饰。如要更进一步体现二元性，则其中一部分可做成平顶，而另一部分可以是平顶与斜顶相间。关于地板本身的二元性的表现，壁龛[4]与榻榻米之间必须明确形成二元对立关系。因而，在壁龛的边缘铺设榻

---

[1] 原文："竹の色許由がひさごまだ青し。"汉蔡邕《琴操·箕山操》："许由者，古之贞固之士也。尧时为布衣，夏则巢居，冬则穴处，饥则仂山而食，渴则仂河而饮。无杯器，常以手捧水而饮之。人见其无器，以一瓢遗之。由操饮毕，以瓢挂树。风吹树动，历历有声，由以为烦扰，遂取损之。"
[2] 作者榎本其角，原文："埋られたおのが涙やまだら竹。"
[3] 棹缘顶：传统日式建筑中用来支撑屋顶表层的细长材料称为"棹缘"，在上面另铺一层薄板即构成"棹缘顶"。
[4] 壁龛：原文"床の间"，日式房间中特意挖出的装饰用凹室，供悬挂字画、摆放插花等。

"意气"的构造

榻榻米或镶边席子等，都不是"意气"的，因为这将削弱铺满房间的榻榻米与壁龛的二元性的对立。

壁龛要与其他地方形成鲜明对比才行，因而要满足"意气"的必要条件，壁龛是不能镶框子的，必须选用无框或遮蔽框子。而且，在"意气"的房间中，壁龛与其两侧参差交错的侧板也必须显示出二元对立来。例如，当地板是黑褐色木板的时候，其两侧侧板应铺设黄白色竹板，同时壁龛顶与房间天花板要显出"竹笼编"和"镜面顶"的对比效果。因而，茶屋建筑的"意气"与茶室[1]建筑的"涩味"之间的区别，往往体现在壁龛是否采用了侧板装饰。另外，壁龛前侧的立柱与横木能在多大程度上表现出二元对立来，这也常常构成了茶屋与茶室在建筑结构上的差别。

然而另一方面，在"意气"的建筑中，二元性的表现又不能流于繁复。在要求"洒脱"这一点上，"意气"在建筑上的表现同其在纹样中的表现常常是一致的，比如都尽量避免使用曲线。不能想象"意气"的建筑会采用圆形的房间或穹顶，"意气"的建筑也很少使用"火灯窗"[2]或"木瓜窗"[3]那样的曲线。即便是装饰性的气窗也应该选用直角的方形窗，而不是梳子状的天窗。不过在这一点上，建筑要比独立的抽象纹样宽松一些。"意气"

---

[1] 茶室：指在传统建筑中专用作茶道的房间，江户时代之后的茶室面积一般是四个半榻榻米。

[2] 火灯窗：呈吊钟形的窗户，随寺院建筑一起由中国传入日本。

[3] 木瓜窗：据说是由一种被称为"木瓜"的家族徽章演变而来的窗户造型。

的建筑有时也可以采用圆窗或半月窗，而立柱和落地窗边缘缠上弯曲的藤蔓，也无可厚非。任何建筑都会采用一些曲线设计，以便缓和直线的刚硬感。也就是说，与抽象的纹样不同，曲线在整个建筑中的意味和作用是具体的。

建筑在样式上表现出"媚态"的二元性的同时，还要通过色彩和采光照明等方法客观体现出"理想主义的非现实性"的意味。在建筑材料方面能够表现"意气"的色彩大体与纹样的"意气"是相同的，即灰色、茶色和青色，在所有层面上都应是具有支配地位的颜色。正因为这些色彩上的"寂"的意味的存在，建筑才能够通过样式等其他方面强烈凸显其二元性。但如果建筑既要在样式上鲜明表现二元对立，又采用华丽的色彩，那么会像俄罗斯室内装饰一样流于一种粗俗。同时，采光和照明的方法也必须与建筑材料的色彩在神韵上相一致。四个半榻榻米的房间的采光不能过于明亮，应该通过建造矮篱笆或在庭院里植树等方式，适当遮蔽外界射入室内的光线。而且夜间的照明也同样不能采用强光，最符合这一条件的恐怕就是过去的日式灯笼。在机械文明发达的今天，人们试图通过在灯泡外面罩上半透明的玻璃罩，或凭借间接照明法利用反射光线来达到这样的效果。但那些红红绿绿的灯绝对表现不出"意气"。"意气"的空间需要"游里灯笼"那样的昏黄的灯光，必须让人的灵魂沉潜下去，并隐约嗅到"香袖"的味道。

"意气"的构造

总之，建筑上的"意气"，一方面是利用材质差异和布局设计来表现质料因的二元性，一方面又通过建材色彩和采光照明的方式，来显示形式因的非现实的理想性。

有人说，建筑是凝固的音乐，音乐是流动的建筑。那么作为自由艺术的音乐是如何展现"意气"的呢？

田边尚雄先生在题为《日本的音乐理论——附"意气"的研究》[1]的论文中指出：音乐上的"意气"主要表现在旋律和节奏两个方面。在构成旋律的音阶方面，日本存在着"都节音阶"和"田舍节音阶"[2]两套音阶。前者主要用于表现极富技巧的音乐，形成旋律的主调。如果以"平调"[3]为宫[4]音的话，则"都节音阶"有如下的构造：

平调—壹越（或称"神仙"）—盘涉—黄钟—双调（或称"胜绝"）—平调

在这组音阶中，宫音的"平调"和徵音的"盘涉"，作为主旋律总是保持着稳定的关系。但其他各音在实际应用中往往与理

---

[1] 原载《哲学杂志》第二十四卷第二百六十四号。——原注
[2] 日本传统音乐的基本音阶可分为阴音阶和阳音阶，都节音阶即为前者，而田舍节音阶就是后者。
[3] 中国、日本、朝鲜三国古代所用的十二律之一。这十二律的中文名分别为"黄钟、大吕、太簇、夹钟、姑洗、仲吕、蕤宾、林钟、夷则、南昌、无射、应钟"，日文名则为"壹越、断金、平调、胜绝、下无、双调、凫钟、黄钟、鸾镜、盘涉、神仙、上无"。
[4] 中国古代音乐中的五声之一，其余四声为商、角、徵、羽。

论并不相符，多少有所差异。也就是说，对于"理想体"的表现造成了一定的变律。因此，能否表现出"意气"也就取决于某种变律的程度。若程度过小则会变成"上品"，程度过大则又会陷入"下品"。例如，由下到上运动，即由"盘涉"经"壹越"至"平调"的旋律中，"壹越"的实际音高一般都低于理论上的音高。这种变律在"长呗"[1]中并不那么大，但到"清元"或"歌泽"中，相差的音高有时竟能达到四分之三个全音，而在粗野的"端呗"[2]中这种差异更是会超过一个全音。仅就"长呗"来看，在"物语体"中这种变律很少，但一旦到了需要表现"意气"的地方，变律就大起来了。而当变律超过一定限度的时候，就会让人产生"下品"之感。这种关系在由"胜绝"经"黄钟"至"盘涉"时的黄钟调，或者在由"平调"经"双调"至"黄钟"时的双调中也会出现。又从"平调"经"神仙"至"盘涉"的下行运动中，到"神仙"的位置也会看到同样的关系。

关于节奏，一般都会由伴奏的乐器来打出节奏，歌曲由此而保持其节奏性。但在日本的音乐中，许多唱和歌曲的节奏和伴奏乐器的节奏并不是一致的，两者之间多少有些变奏。比如在"长呗"中，当用三味线为唱词伴奏时，两者的节奏基本一致，但在其他情况下，若两者的节奏仍然一致，则不免使人感觉单调。在

---

[1] 长呗：江户时代初期在上方（京都大阪地区）流行的由三味线伴奏的歌曲，与"小呗"相对而言。
[2] 端呗：成熟于江户时代文化、文政年间的用三味线伴奏的流行小曲。

"意气"的歌曲中，这种变奏大多接近四分之一拍。

　　以上是田边先生的观点。根据他的看法，要在旋律上表现"意气"，音阶就必须打破"理想体"的一元平衡，通过变律来体现出二元性的张力，并由此产生紧张感，而这种紧张感也就构成了作为"意气"之质料因的"色气"。同时这一变律不能过大，应控制在四分之三个全音前后，就在这种自我拘束中，"意气"的形式因得以客观化。而"意气"在节奏上的表现情况也是同样的，一方面应打破歌曲和三味线伴奏之间的一元平衡，创造出二元性，另一方面这种变奏又不能超越一定限度，如此，"意气"的质料因和形式因才得以客观表现。

　　还有，在乐曲的形式中，"意气"的表现往往也具有一定的规律。基本上，突然以高音起调，然后逐渐下行向低音推移，此类音节若重复多遍，那就是"意气"的。例如"歌泽"曲调中的《新紫》中，"紫之缘"这句就采用了这种手法，即把"むらさき、の、ゆかり、ゆ"这一句分为四小节，每小节都以高音起调，然后逐渐下行。在"系在音乐上的缘分之线"[1]一句中也是同样，这句分为六小节，即"系、在、音乐、上的、缘分、之线"。此外，在"清元"曲调的《十六夜清心》中，有"赏梅归来听船歌，静悄悄、静悄悄地，身在暗夜"[2]这一句中，也出现了相同的做法，就是将"赏梅、归来、听船歌，静悄悄、静悄悄地、身在、

---

[1] 原文："音にほだされし縁の糸。"

[2] 原文："梅見、帰りの、船のうた、忍ぶなら、忍ぶなら・闇の・夜は置かしやんせ。"

暗夜"这样分成了七个小节。此类乐曲的创作手法之所以能够表现出"意气",其原因就在于,一方面各小节起始的高音相对前面的低音而言具备明显的色气的二元性,另一方面,各音节都具有逐渐下行而趋向消失的"寂"之感。起调处的二元性与呈现下行趋势的整个小节之间的关系,就好比在"意气"的纹样中的条纹与灰暗的色彩之间的关系。

如上所述,作为意识现象的"意气"的客观表现的艺术形式,既能通过平面纹样和立体建筑在空间上加以表现,也能通过无形的音乐进行时间上的表现。但这种表现无论采取何种形式,都不外乎一方面确认"意气"的二元性,另一方面通过阐发而显示出它的特定的个性。若进一步把这种艺术表现形式和自然表现形式相比较,就会发现两者之间存在无可否定的一致性。因此,这些艺术形式及自然形式,才可以被理解为"意气"这种意识现象的客观表现。换言之,客观呈现的二元性,为"意气"这种意识现象的质料因的"色气"形成了一个基础,阐发的方法又显示出了它的特定性格,并构成了作为形式因的"意气地"(矜持)和"谛观"(あきらめ)的基础。这样一来,我们就把"意气"的客观表现还原成作为意识现象的"意气",并明确了这两种存在样态之间的相互关系。我相信,"意气"的意味构造至此便得以明确的阐发。

六　趣味五感

在理解"意气"的存在并阐明其构造时,我们应该先进行方法论上的考察,以期对它的意味进行体验性的把握。所有思考方式都有必然的制约,除了概念分析外,别无他法。然而另一方面,同个人的特殊体验一样,对民族的特殊体验进行概念分析,即便在一定意义上是成立的,也并不一定能涵盖其所有意义。富有无限具体的意味只能经由领悟的方式方可体会到。曼恩·德·毕朗曾指出,如同无法向天生的盲人解释何为色彩一样,我们也不可能通过语言让天生的瘫痪患者明白如何进行自发性的动作[1]。关于趣味性的意味体验,我们恐怕也只能进行谓语式的描述。所谓"趣味",作为一种体验是由"品味"开始的。顾名思义,我们记住了"这种味道",并以这种味道为基础做出判断,然而味觉往往并非单纯的味觉。所谓"有味的东西"除味觉本身之外,往往还暗示着嗅觉分辨出的气味,可以想象那是一种难以捕捉的、似

---

[1] Maine de Biran, Essai sur les fondements de la psychologie(Oeuvres in é dites,Naville,I,p.208)——原注

有若无的气味。不仅如此，触觉也常常会参与其中。在我们所说的"味道"中，一般还包含有舌头的触感，这种"触感"与心相连，是一种难以言喻的东西。因此，味觉、嗅觉和触觉就形成了原初意义上的"体验"。

而"高等感觉"作为一种"心灵感应"逐渐发达后，人便把物体客观化，并将其与人自身分离开来。听觉能够根据声音的高低对其加以区分。但同时，"分音"[1]却也有可能表现为音色的形式，让人难以轻易把握。在视觉方面，人们创建了色彩系统，从色调上对颜色进行区分。但无论进行多么细致的分辨，总是存在某些色调介于两种颜色之间的颜色。于是，当人们在听觉和视觉上，对明确把握时常常容易被遗漏的那些声音和色调加以捕捉，就形成了感觉上的趣味。而我们平时所说的趣味，也同感觉上的趣味一样，和事物的色调有关。换言之，人们在进行道德或美学判断时表现出的人格的或民族的特点，就是"趣味"。

尼采曾提问："不爱的东西，就应该诅咒吗？"并回答说，"我认为这是不良趣味"，甚至斥之为"低贱"（Pöbel-Art）的趣味[2]。我们从不怀疑，趣味在道德领域具有一定的意义。而且在艺术领域，就如魏尔伦所说的"我们追求的不是颜色，只是色

---

[1] 分音：原文作"部音"，无论人声、歌声，还是乐器的声音，它们都不是一个单音，而是一个复合音。也就是由声音的基音（即物体振动时所发出的频率最低的音）和一系列的泛音（即频率高于基音的成分）所构成，这些泛音在物理学中叫分音。

[2] Nietzsche, Also sprach Zarathustra,Teil lV,Vom höheren Menschen.——原注

调"[1]一样，我们也都相信作为趣味的"色调"所具有的价值。

　　同样地，"意气"也终究只是一种受民族性所规定的"趣味"。"意气"也只能由原初意义的"内在经验"（sens intime）来加以体悟。对"意气"进行分析后得出的抽象概念的成因，仅仅不过是表现了"意气"的几个具体方面。我们可以具体分析"意气"概念的成因，但是，以我们的分析而得来的种种概念成因，却不能反过来形成"意气"的存在。诸如"媚态""意气地""谛观"等，这些概念并不是"意气"的组成部分，而只是它的成因。因此，由概念的成因集合而成的"意气"，和作为"意味体验"的"意气"之间，存在着一条不可逾越的鸿沟。换言之，"意气"在逻辑表达方面的"隐势性"和"现势性"有截然的区别。我们之所以认为经分析后得到的抽象概念的成因能够重新构成"意气"的存在，是因为我们已经拥有了作为"意味体验"的"意气"。

　　假如作为意味体验的"意气"与"意气"概念分析之间存在着如此的背离关系，那么，我们就应该承认，当人们试图从外部来理解作为意味体验的"意气"的构造时，除了提供把握"意气"之存在的合适的余地和机会之外，并没有多少实际的价值。例如，当我们向一位完全不了解日本文化的外国人解释何为"意气"时，由我们对"意气"的概念分析，就能为他的理解提供一定的机会与可能，使他利用这一机会，并运用自身的"内在感觉"来领会

---

[1] Verlaine, Art poétique.——原注

"意气"的意味。但是在这个意义上说，对于"意气"的概念分析只不过是他提供了一个"机会原因"，而别无其他。然而，概念分析的价值在实际的价值中就只是这些吗？对于在概念上把意味体验的逻辑表达的"隐性"转化为"显性"的努力，我们能否从功利主义的立场出发，质问其现实价值的有无或多少呢？答案无疑是否定的。将"意味体验"导向概念的自觉，是知性存在的全部意义，实际价值的多少或有无根本不成为问题。学问的意义也就在于，明知"意味体验"与知识概念之间存在着不可通约的无穷尽性，但仍然把理论表达的"现势性"作为课题，而进行无限的追寻。我相信，对于"意气"的构造的理解，也正是在这个意义上具有意义。

但正如上文所述，试图以"意气"的客观表现为基础来理解其构造，是一种很大的谬误，因为"意气"未必会在客观表现中完全展示其所有的特征。客观化是在种种的限制约束中形成的，因此，客观化了的"意气"很少能具备"意气"作为一种意识现象所具有的广度和深度。客观表现充其量只不过是"意气"的象征而已。基于这一原因，我们不能仅仅通过自然表现形式或艺术表现形式来理解"意气"的构造。与此相反，只有当我们将"意气"移入我们个人或社会的现实体验时，"意气"才能生动鲜活起来，才能为我们所理解。

要理解"意气"构造，可能性在于：在接触"意气"的客观表现并质问其为"quid"（何）之前，必须先进入意识现象本身，追问其为"quis"（谁）。所有的艺术形式大都必须基于人性的普遍性或性别的特殊性这两种存在样式加以理解，否则就不可能达成真正的领悟。[1] 例如德意志民族所具有的一种内在的不安，就表现于某些不规则的纹样中。这在民族迁徙时代就已出现，在哥特或巴洛克式的装饰中有着更为显著的表现。

在建筑中，体验和艺术表现形式之间的关系也是不能否定的。保尔·瓦雷里曾在《欧帕里诺斯或建筑家》一书中提到，出生于迈加拉的建筑家欧帕里诺斯曾经这样说道："我为赫尔墨斯神建造的小神殿，就在那儿，那座神殿对我来说意味着什么呢？人们恐怕有所不知吧。路人只看见一座优美的殿堂——小小的，四根柱子，极其单纯的样式。但是我一生中对那一天的最灿烂的回忆就凝聚其中了。看吧，那是多么甜蜜的变身啊！也许谁都不知道，这座别致的小神殿是我喜爱的少女科林德的数学化的形象。这座神殿忠实再现了她独有的神韵。"[2]

另外，在音乐方面，包括浪漫主义、表现主义等名堂在内的相关流派，总体上都具有一种目标，就是以客观形式表现现实体验。马肖[3] 就曾对他的恋人拜伦奴表白说："我的所有作品都来

---

[1] 贝克尔曾说过："美本身的存在论，必须从美（即艺术创作或审美欣赏）的现实存在的分析来着手。"（Oskar Becker, Von der Hinfälligkeit des Schönen und der Abenteuerlichkeit des Künstlers; Jahrbuch für Philosophie und phänomenologische Forschung, Ergänzungsband: Husserl–Festschrift, 1929, S.40）——原注

[2] Paul Valéry, Eupalinos ou l'architecte, 15e, é d, p.104.——原注

[3] 纪尧姆·德·马肖（Guillaume de Mahaut, 1300—1377）：14世纪的法国作曲家、诗人。

自于对你的感情。"[1] 而肖邦也曾承认，《f小调第二钢琴协奏曲》中优美的小快板，就是自己对康斯坦茨娅的情感加以旋律化的结晶[2]。但另一方面，体验的艺术化未必会被明确意识到，在许多情况下艺术创作的冲动是无意识的。但这种无意识的创作最终不外是体验的客观化。换言之，个人或社会的体验在无意识地、然而又是自由地选择艺术的形成原理，从而把自我表现艺术化。在自然表现中，情况也基本相同。举止姿态等自然表现有时也都是无意识的。无论如何，我们必须把"意气"的客观表现作为"意气"的意识现象来看待，才能对它有真正的理解。

然而，试图从客观表现的立场出发来阐明"意气"的美学构造的人，几乎常常会陷入一个误区，即仅仅停留在对"意气"进行抽象或外在形式化的理解，而没有进一步通过具体地或阐释性地把握它特殊的属性。例如曾有人认为艺术作品是"给予美感的对象"，并在对此进行论证的基础上试图说明"意气之感"[3]，但结果却仅归结出"不快之感的混入"这一极其一般且抽象的结论。这样一来，"意气"也就变成了一种漠然的"raffiné"（精致），非但没有对"意气"和"涩味"加以区别，更完全无法把握"意气"所具有的民族特性。倘若"意气"的意味真是这样漠然含糊，那么我们也完全可以在西方艺术中寻找到诸多"意气"来。如此，

---

[1] Jahrbuch der Musikbibliothek Peters, 1926, S.67.——原注
[2] Lettre à Titus Woyciechowski, le 3 octobre 1829.——原注
[3] 高桥穣《心理学》修订版，第327—328页。——原注

"意气"就真的成为一种"西方和日本共有的""符合现代人喜好"的东西了。

然而,在康斯坦丁·盖斯、德加,或凡·东根[1]的绘画中,果真具有"意气"的特征吗?或者,我们真的能在圣桑、马斯内、德彪西以及理查德·施特劳斯[2]等人的作品的某些旋律中捕捉到严格意义上的"意气"的东西吗?对此我们恐怕很难给出肯定的回答。如上所说,倘若采用形式化的、抽象的方法,要想在此类现象和"意气"之间找到共同点并不困难,但就方法论而言,采取外在形式化的方法来把握此类文化的存在,并不是正确有效的方法论。而以"客观表现"为出发点,试图阐明"意气"构造的人大多都会陷入这种外在形式化的误区。

总之,在研究"意气"时,从作为客观表现的自然形式或艺术表现形式入手,是近乎徒劳的。我们必须先把"意气"作为一种"意识现象",对它的民族的内涵加以阐释性的把握,然后再以此为基础,去考察它在自然表现形式或艺术表现形式中的客观表现,唯此才是稳妥的方法。一言以蔽之,"意气"的研究只有在"民族存在的解释学"中方能成立。

在研究"意气"的"民族存在"的特殊性时,偶尔也会在西

---

[1] 康斯坦丁·盖斯(Constantin Guys, 1804—1892)、德加(Edgar Degas, 1834—1917)、凡·东根(Kees van Dongen, 1877—1968),都是现代法国画家。

[2] 圣桑(Charles Camille Saint-Saens, 1835—1921)、马斯内(Jules Emile Frederic Massenet, 1842—1912)、德彪西(Achille Claude Debussy, 1862—1918),均为法国作曲家;理查德·施特劳斯(Richard Strauss, 1864—1949),德国作曲家。

方艺术形式中发现与"意气"相类似的东西,但我们绝不可受其迷惑。客观表现未必能完全表现出"意气"所具有的复杂性,因此即便在西方艺术中发现了与"意气"的艺术形式相似的东西,我们也不能立即断定这就是体验性的"意气"的客观表现,更不能由此推断西方文化中也存在"意气"这一现象。更何况即使我们能够从上述艺术形式中真实地感觉到"意气",那也可能是因为我们已经带上了自己民族的有色眼镜,使民族主观性发挥作用。且不论这种形式本身是否真的是"意气"的客观化表现,本质的问题是,作为"意识现象"的"意气"在西方文化中是否真的存在,换言之,作为"意识现象"的"意气"在西方文化中是否真的能够被发现。当我们仔细思考西方文化的形成机制时,对于这一问题我们无疑只能得出否定的回答。

举例来说,所谓"纨绔主义"[1],在所有具体的意识层面上都与"意气"有着相同的构造、相同的色彩与感觉吗?波德莱尔在《恶之花》第一卷中曾多次表现出类似"意气"的情感,如在《虚无的滋味》中所说的"看透一切吧!我的心""恋情早已经没了滋味""春天值得赞美,但早已芳香殆尽"等诗句,都充分表现出了一种"谛观"的意味。此外,他还在《秋歌》中写道:"一边追怀夏季炽烈的阳光,一边体味着柔美的秋色。"描写了人生秋季淡黄色的忧郁,在沉潜中拥抱过去,表达了一种超越时光的

---

[1] 纨绔主义:原文"ダンデイズム",英文"dandyism"。

"意气"的构造

感情。波德莱尔本人也曾说过："纨绔主义是颓废时代英雄主义的最后一束光亮……毫无热情，但充满忧愁，如同夕阳一般壮美。"[1] 这同时它也是作为"élégance（趣味）说教"的"一种宗教"。可见，"纨绔主义"显然具有与"意气"相类似的构造。但同时他又指出，"恺撒、卡提利纳以及阿尔西比亚德斯[2] 提供了最典型的例子"，这就意味着"纨绔主义"基本仅适用于男性。但与此相对，"意气"的"英雄主义"在柔弱且身陷"苦境"的女性那里却表现得最为深切，这正是"意气"的特殊之处。

此外，尼采所说的"高贵"以及"有距离的热情"等，也都是一种"意气地"（矜持），它们源自骑士精神，和来自武士道的"意气地"之间有着难以辨别的类似[3]。但由于基督教断然诅咒所有的肉欲，受此影响而形成的西方文化中，普通交往之外的两性关系早已同唯物主义一道携手坠入了地狱，其结果，以理想主义为特征的"意气地"，几乎不能使"媚态"在其延长线上得以升华并构成特殊的存在样式。"去找女人吗？不要忘了带上你的鞭子！"[4] 这就是那位老妇给查拉图斯特拉的劝告。

---

[1] 参见 Baudelaire, Le peintre de la vie moderne, IX, Le dandy. 此外，关于"纨绔主义"还可参考以下书籍：哈兹里特 (Hazlitt)《纨绔子弟派》(*The Dandy School*, Examiner, 1828)；西夫金 (Sieveking)《纨绔主义和浪子》(*Dandyism and Brummell*, The Contemporary Review, 1912)；奥托·曼 (Otto Mann)《现代纨绔子弟》(*Der moderne Dandy*, 1925). ——原注

[2] 卡提利纳 (Catilina)：公元前1世纪古罗马政治家；阿尔西比亚德斯 (Alkibiades)：公元前5世纪古希腊政治家。

[3] 参见 Nietzsche, Jenseits von Gut und Böse, IX, Was ist vornehm?——原注

[4] Nietzsche, Also sprach Zarathustra, Teil I, Von alten und jungen Weiblein.——原注

退一步来说,假定在作为例外的特殊的个人体验中,西方文化有时也会有"意气",那么,这种"意气"也和形成于公共生活领域,并具有全民族性的"意气"具有全然不同的意义。当某种意味具有全民族性的价值的时候,它必然通过语言的形式得以表现和传播。在西方语言中无法找到同"意气"完全同义的词汇,这也就证明了,"意气"这种意识现象在西方文化里并没有作为民族性的存在而占有一席之地。

就这样,作为意味体验的"意气"在我们民族存在的规制之下得以成立,但我们在许多情况下还会看到堕入抽象化和外在形式化的空虚世界中的"意气"的幻影。而那些嘈杂的饶舌以及空泛的言辞,却常常将幻影描述得煞有介事。我们不能在"刻意制造"出来的类概念形成的"flatus vocis"(声音的气息)中迷失方向。当遇见此类幻影时,我们必须回想柏拉图所说的"我们的精神体验所见过的"那种具体而真实的样态。这里的"回想"是使我们对"意气"加以自我化解释与再认识的基础。但必须指出的是,"回想"的内容不应是柏拉图的实在论所主张的类概念的一般抽象性,而是唯名论所提倡的个别的、特殊的民族特性。在这一点上,我们必须把柏拉图的认识论反转过来。那么,我们靠什么使这种意义的回想成为可能呢?靠的当然是我们对自身精神文化在忘却中所保存的记忆,靠的是我们对理想主义非现实文化的持续不断的热爱。

"意气"的立足点就在于对武士道理想主义和佛教非现实性

的不可分离的内在联系。在对命运的"谛观"中获得的"媚态",在"意气地"中自由"生活"[1],这就是"意气"。倘若一个民族不能对人的命运持有清醒的观察,对灵魂的自由不能心怀惆怅的憧憬,那么也就不可能从"媚态"中提炼出"意气"来。"意气"的核心意义及其构造,只有从"我们民族存在的自我展示"这一角度加以把握,才能得到充分的理解。

---

[1] 研究"意气"的词源,就必须首先在存在论上阐明"生(いき)、息(いき)、行(いき)、意气(いき)"(均读作"iki"——译者注)这几个词之间的关系。"生"无疑是构成一切的基础。"生きる"(意为"活着"——译者注)这个词包含着两层意思,一是生理上的活着,性别的特殊性就建立在这个基础之上,作为"意气"的质料因的"色气"也就是从这层意思产生出来的;"息"(意为气息、呼吸——译者注)则是"生きる"的生理条件。如在"春天的梅、秋天的尾花,把起酒盅,一口气饮下"(原文为"小意气に呑みなほす")这句话中,"意气"和"息"之间的关系并不仅仅是发音偶然相同,"意気ざし"(气息)一词的构成就是一个明证。比如在"其气息宛如夏池中红莲初绽"这句话中的"气息"一词,无疑是来自"屏息窥视"(息ざしもせず窥えば)中的"息ざし"。又,"行"也和"生きる"有着不可分割的关系。笛卡尔就曾论证说,"ambulo"(行走)才是认识"sum"(存在)的根据。比如在"意气方"(いきかた,生存方法)和"心意气"(こころいき,气魄、气质)等词的构成中,"意气"的发音明显就是"行き"(いき)的发音。"生存方式(意气方)很好",也就是"行走得很好"的意思。而在"对喜欢的人的'心意气'"以及"对阿七的'心意气'"这样的表述中,"心意气"往往都与"对某某人"连用,有一种"走"向对方的趋势。此外,"息"(いき)采用"意気ざし"的词形、"行"(いき)采用"意気方"(いきかた)的词形,都是由"生"衍伸出来的第二义,这是精神上的"生きる"(活着)。而作为"意气"的形式因的"意气地"和"谛观",也是植根于这个意义上的"生きる"(活着)的。而当"息"和"行"高于"意气"地平线的时候,便回归到了"生"的本原性中。换言之,"意气"的原初意味也就是"生きる"(活着)。——原注

德川时代的文艺与社会

阿部次郎

悪女　悪所

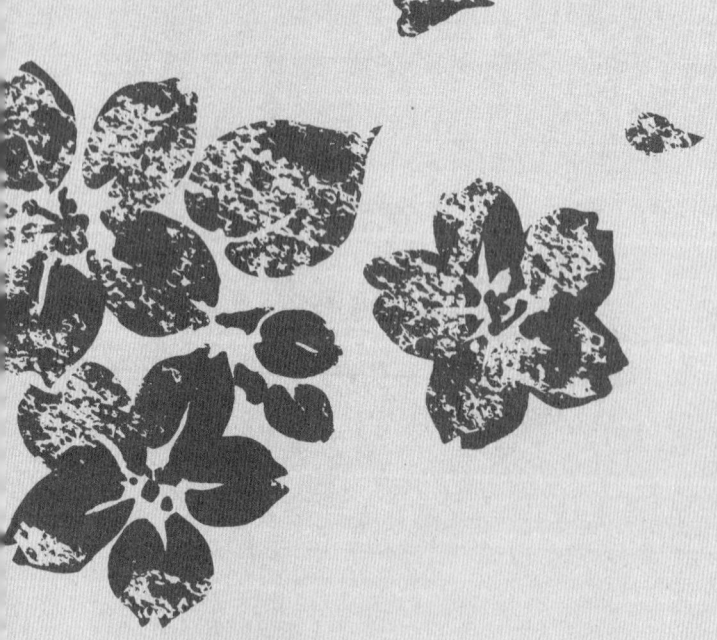

自序

　　我写这本书有两个企图：第一，将现代生活关系最为密切的晚近的历史文化加以清算，为构筑将来的日本文化做出一点贡献；第二，站在我个人提出的"人格主义"[1]的立场上，在明暗交会处的人生边上，在朦胧模糊中将高尚与卑微、纯真与虚伪加以鉴别、加以明确化。后者常常需要以过去的清算为基础，因而本书可以说是我人格主义理论的一个运用。这是一个对未来充满期待的人，站在人格主义的立场写成的史书，我相信，它的是非功过都与这一根本立场联系在一起。

　　本书也包含着我对许多人的诀别。它在何种意义上把我与研究江户时代的学者相区别，也许到了卷末就会清楚地看出来。我还要特别强调：我要与那些对人生的深刻机微及与此相伴随的无可名状的困难加以逃避、以圣人的心情退缩而立的人，宣布诀别。我也和歌德一样，"决不半途而废，而是要在善始善终的美当中，

---

[1] 人格主义：是作者在《人格主义》（1922年）一书中提出的一个哲学概念，强调人是根本的、内在活动的主体，人类存在的统一原理就是"生命"。

清清爽爽地活着"[1]。我的人格主义就是要冲破重重困难和阻碍，果敢地加以实行。在这本书里，我可以感到自豪的是，我踏入了那些害怕世人误解的道学先生因缺乏勇气和见识而未敢涉猎的领域，并且基于人格主义，对江户时代社会与文艺做了探讨。与此同时，这也是对人格主义本身的宏大性、细致性、深刻性的一个检验。

1923年秋，我结束了一年半的国外生活、踏上归途的时候，我的心里便开始思考"日本应该何去何从"的大问题。八年后的今天，我只是对其中的一个极小的部分做了回答，更确切地说，是我为准备做出这个回答而交出的一份作业。如果能对江户时代的清算有所裨益，便是对我的努力的最好回报。

本书的写作经历了一个特殊的过程，作者有义务在此加以交代。我最初以《游欧杂记·序论 归来（一）》为题，从《改造》杂志的大正十四年[2]九月号开始陆续连载。其草稿，大正十三年春天在山形高等学校试着讲了一遍，同年夏天在小樽反复用于讲演，并形成稿子。我本来打算写四五十页[3]，开始时觉得很轻松。然后写《归来（二）》的《东洋》部分，也写了相同的篇页，约定写到第四五回时进入正文，于是篇幅增加了二十倍，历经六年时间。其中"前编"从大正十四年夏到十五年夏，用一年时间写

---

[1] 出典歌德《浮士德》第四幕结尾。

[2] 大正十四年：1925年。

[3] 日本人计算文章及书稿的字数时，一般按页（枚）数计算，一页四百字。

成。现在回顾起来，写作还是相当顺利。但此后有两年中断，"后编"的前半部分，即关于文学的部分，是利用昭和三年[1]的整个暑假写成的，在杂志上连载也用了近一年的时间。昭和四年、五年又搁笔，什么都没写。最后论述浮世绘的部分，在去年寒假过后的二月中脱稿。为了留作纪念，请允许我把私事记述一下：那时打算在纪元节[2]的二月十一日最后脱稿，因而连续数日夜以继日，坐在书桌前奋笔疾书，但不料夜里受了风寒，上午发烧三十八度，很快上升到三十九度，终于倒在床上，宣布投降了。在连续四天高烧近四十度之后，我的妻子在我之后也发烧病倒了。我在照看妻子的间隙，到十六日终于写完最后一段文字。

为什么写成这个样子呢？正如书中十分之八九的段落所体现的那样，我的写作论述与材料的收集、消化不得不同时进行，这当然是因为我的不学，虽然深感惭愧，我还是有义务向我的读者坦白。这种不学最终造成了本书的遗憾。虽然在整理成书的时候我做了一定程度的修订，但其中很多错误恐怕仍旧存在。对于其中的错误，我必须承担作为一个历史家的责任。由于我意识到了自己的弱点，努力在鉴赏与综合方面不出大错，在作品的分析和概括上将细心与大胆结合起来，在我最不擅长的材料的广泛收集方面，则注意虚心地从前辈专家的著作中汲取教益。希望读者

---

[1] 昭和三年：1928年。
[2] 纪元节：日本节日之一，将《日本书纪》记载的古代神武天皇的即位日换算为公历的二月十一日，并作为节日加以纪念。

对此予以谅察。本书得益于前辈学者之处甚多，是要特别表示感谢的。书中举出的相关的具体论点，并不都是引述前辈诸家，但不用说也受到了诸家研究成果的启发，对于明确举出名字的研究江户时代的各位学者，无论我的立场与他们如何不同，都蒙受了他们的很多恩惠。

阿部次郎

昭和六年[1]五月十八日夜于广濑河畔

---

[1] 昭和六年：1931年。

前编[1]

有底力的江户文艺[2]

作为祖先的遗产之一的江户时代中叶以后的平民文艺，在明治、大正时代被直接继承下来，即便我们自以为可以摆脱它，但它已经成为一种文化势力，在冥冥之中深深地渗入我们的血肉中，并在无意识的深处支配着我们的生活。在文化史研究中，曾有人武断地把这些平民文艺一概作为衰世之征兆，即作为亡国之音来看待，这种看法直到现在似乎仍然具有显而易见的影响力。这使我想起了曾在京城听到的艺妓唱的歌，两者可以做个对照。那是在酒席上吟唱的、由普通的大鼓做伴奏的一种歌曲，它给我的印象，可以说那是真正的亡国之音——没有活力的、虚脱的、阴郁

---

[1] 全书分为"前编"（1—31节）和"后编"（32—59节）两部分，又在前后两编之间加了一个《补遗·〈好色一代男〉觉书》（原载《思想》杂志1927年2月日本文化号）。本书最初曾以《游欧杂记》为题在《改造》杂志连载，前后达七年。为连载方便，总共划分为59节。1931年6月收编整理成书，由改造社初版发行，书名改为《德川时代的文艺与社会》，后收入《阿部次郎全集》（全17卷，角川书店1961—1967）第8卷，1972年又由角川书店收入"角川选书"出版单行本。

[2] 本章属于《前编》，其中第1—6节是《在海外看日本／江户文艺的印象》，主要讲作者在欧洲的见闻及对欧洲艺术的感想，略而不译。

的、单调的、令人打哈欠的靡靡之音。而与此相反的，却是江户时代的歌谣和浮世绘，充满了内在的激情和活力，是从最深处奔涌而出的一种东西。其中所表现的忧愁和绝望，从形而上学的宗教意义上来说，即便不是所有人都能从中受到感染，但它却从深处透出黑油油的光亮，人们可以从那幽暗的光亮中，感受到温暖、柔情和安慰。那种激情、那种底力、那种光亮究竟来自何处呢？那种激情、那种底力，还有光亮为什么会以这种奇妙的方式表现出来呢？这是我们必须思考的问题。

江户时代的文化，难以捕捉、不可名状，而且极难概括。那是一种奇特的 Ragout（大杂烩），虽然陆地作物、水产品、紫苏、水蓼、蕺菜，还有鳗鱼、泥鳅、鸡蛋、赤蛙、蟾蜍、纹蛇等，乱七八糟都在一个锅里煮，如何以敏锐的味觉辨别出其中的味道，如何以理性分清哪是草药哪是毒药，如何靠悟性和想象力将其中蕴含的贯通始终的根本精神简洁洗练地概括出来，哪怕是对江户时代的文化无所不通的专家，要做到这一切恐怕也是很困难的吧。不必说，我主动地涉猎这一困难的课题，自找苦吃，并不是分内必做的事。然而，只要我对江户时代的不可思议的文化抱着一种热爱和憎恶，只要我在这种研究探讨中体会到乐趣和烦恼，换言之，只要我们的血脉与这种文化有切不断的联系，只要我们迫不得已只有以这种文化为基础才能有自己的创造，那么，无论我们是怎样的外行人，都必须对江户时代的文化做出自己的判断。现在我在这里来谈我对江户时代文化的看法，就是建立在这一认识基础上的，因为这是我们研究江户时代文化的一个不可回避的问题。

在我看来，江户时代的本质，就是在政治上拥有特权的阶层，和在文化上拥有创造力（文化的创造力基于经济上的实力）的阶层之间的分离和对抗，而以前者的失败、后者的胜利告终。这种根本性的社会关系决定了这一时代的文化特质。这个时代的有创造性的文化基本上（不是全部）是由后者创造，并在后者之中发展起来的。起初是两个阶层之间的相互影响，到后来被后者的文化统一起来了。这种富有创造性的文化的特色，是以创造这一文化的阶层在政治上的无权无势、在社会上的低贱地位所决定的。这个时代的文化，在日本文化的磨难史上是引人注目的一章。现在我们看到的江户时代的文学艺术，便是这种文化磨难史的见证。在这个磨难的见证中，胜利与堕落被同时标示出来。这不是衰朽的艺术，而是一个新兴的阶层——无论如何遭受压抑和虐待也不屈不挠的新兴阶层——的扭曲的艺术。江户时代的文学艺术的特征或特性，在文艺与社会之关系的层面上，大部分都可以得到解释和说明。

"士农工商"与町人的胜利

1

所谓"士农工商"四民制是江户时代社会等级的分别,"士农工商"这个词组,按那个时代的正统的观点(当然室鸠巢[1]及其他有识之士的思想是例外)来看,不单是职业种类的划分,也是一种"Rangordnung"(身份地位的标识)。作为统治阶层的"士"(武士)处于最上位,这是不言而喻的。其次是为"四民"生产不可或缺的食物的"农",因而有"百姓[2]是国宝"的说法。"工"是生产"可有可无"之产品的人,所以位居农民之下,却位于什么也不生产却不少赚钱的"商"(商人)之上。商人的营业是受到恩准的,他们自身深感自己受到了统治阶层的宽容和"难得的照顾",他们处在四民制的最下层,仅仅比所谓"秽多非人"(当时的用词,不用说我们对这个表示阶层歧视的词不能接受)高一

---

[1] 室鸠巢:日本江户时代中期的儒学家。
[2] 百姓:日语的"百姓"特指农民。

点。然而恰恰是这个处在四民制最下层的阶层，却在江户时代之前就开始积累了相当的财富，进入江户时代之后其势力日益壮大，最后成为破坏武士政权的社会性（而非政治性）的炸药包。从德川幕府的政治组织来说，商人阶层是对武士幕府具有最大危险性的阶层。德川家康曾小心翼翼地注意"士"这个阶层内部的平衡，他的后继者们——那些对"农"实行十分聪明巧妙的政策的执政者，却几乎没有一个人能够看穿商人的危险性，并采取有效的对策。时代的潮流不可阻挡地从"轻商"思想向"重商"思想转化，而他们却反其道而行之。统治者竭尽全力抗拒着这种潮流，却在不知不觉间被这一潮流推倒并且冲垮了，于是，武士专制制度不得不土崩瓦解。

2

"百姓是国宝"，这句话在一般意义上，是任何一个时代都适用的真理。然而这句话在江户时代却有着特殊的含义。"百姓是国宝"，因而百姓的人格必须得到尊重——但江户时代的重农主义思想并不是在这个逻辑上生发出来的；"百姓是国宝"，因而所有人的生活都必须以他们为榜样——江户时代也没有形成这种带有托尔斯泰主义色彩的思想意识。百姓之所以是"国宝"，只是因为统治阶层的财政是建立在百姓所交纳的赋税的基础之上的。

他们没有想到要从町人[1]那里收取一定的赋税，或者即便他们想到了，也认为求助于那帮人是可耻的。轻视商人的武士幕府政权，有理由对来自农民的"年贡"非常看重。农民就是在这个意义上被看重的。为此，农民就必须辛勤劳动，而且必须极为质朴而又顺从。把农民置于这样的状态，可以说这是德川幕府始终一贯的大政方针。农民的无知对于这种政策的施行也非常有利。当然，随着时世推移，农民之中也渐渐地沾染了奢侈之风，但尽管如此，与同时代的町人及武家集团比较起来，还没有达到形成问题的程度。而且，町人的奢侈风气也感染了武家，使武家的财政更加困窘，于是对农民征收的苛捐杂税就更为繁多了，超过一定限度之后，农民便不得不揭竿而起。以木内宗吾等人为开端的几拨"义民"起义，在江户时代社会史上也激起了不小的波澜。不过，那也不过是局部地区的现象，随着特殊的苛征有所收敛，特殊的暴动也就停息了，还没有达到你死我活的阶级对抗的程度。德川幕府实施的农民政策对日本经济文化的发展是否有利，这又另当别论，但无论如何，为了"国泰民安"而实施的对农民的统治政策，是近乎于成功的，这一点毫无疑义。

不过，虽说如此，我们并不能认为当时的武家仅仅是将农民作为榨取的对象来对待。封建制度的哲学的、伦理学的基础观念，将这种榨取和被榨取的关系缓和化了。每个人生下来就有自己的

---

[1] 町人：江户时代住在城市的工商业者，在身份上处于"士农工商"四民制的最低层。

身份地位，要按照自己的身份而生活。安于本分，避免犯上作乱，这就是"士农工商"四民制的道德。在这样的社会中，所谓"商人谋利"的思想发挥了保障社会秩序的杠杆作用。商人重视金钱是在追求商业利润，即便是在关乎爱子一生幸福的大事上花了大把的金钱，也是在使用他的商业利润。（例如近松[1]在他的剧本《寿之门松》中的净闲这个角色，体现的就是这种思想。）同样地，辛勤劳作、质朴为人，过着平淡如水的生活，及时交纳年供，以报"国恩"，也是"百姓本分"。武家对百姓的榨取是立足于这样的道德观念之上的，因而在良心上并没有什么不安，他们对百姓的统治仍然是恩威并重。实际上，武家的"善政"体现为对百姓的无微不至的关心，这一点在庆安二年二月发布的《告各地乡村》的告示中就可以看得出来，这里只是抄出四、五节（全文请参见斋藤隆三《近世世相史》第93页以下）——

一、稍有经商头脑，有利于持家度日。因需要缴纳年供而买五谷，又需购买日用，若无经商之心，则容易上当受骗。

二、要将屋前的庭院收拾得干净些。院子朝南，有利于收晒稻麦、大豆及杂粮。庭院不干净，会使粮食中夹杂沙土，卖粮时会降低价钱，而蒙受损失。

三、春秋要注意做些艾灸，以使身体健康、心情愉快、干活

---

[1] 近松：近松门左卫门（1653—1724），江户时代著名戏剧作家。

有劲。若不健康则妨碍干活，要专心持家过日子。妻子儿女亦应如此。

四、不要吸烟。吸烟不能代替吃饭，最终只能带来忧烦。吸烟浪费工夫，破费金钱，易引发火灾，百害而无一利。

五、……以上诸事，务要牢记在心。要努力干活，使家中米粮满仓，生活富裕，吃穿之物，随心取用。如今天下太平，粮食财物纵多，亦不会遭到贪官污吏无理盘剥，也不会遭到抢劫，可惠及子孙。遇到灾荒之年，也可使一家老小衣食无忧。按时缴纳年供，可使百姓心安，切记、切记！并以此教育子孙，好好干活，勤奋持家。

庆安二年，也就是公历1649年，比歌德出生还早一百年，从那时到大正十四年[1]已经过了二百七十六年，但时至今日我们若进入山乡农村，仍不难看到那些按照庆安年间的公告生活着的农民。的确就像公告所言，"按时缴纳年供，可使百姓心安"。不过，像这样过着"简朴生活"的农民，是没有能力参与新文化之创造的。江户时代的农民只是在"参拜伊势神宫"或"参拜善光寺"之类的活动中，与城市町人创造的新文化有肤浅的接触，根本不可能模仿学习之。他们的文艺，除了少量的俗谣、盆舞之外，与足利时代、战国时代相比，到底有哪些创新呢？假如不对风俗

---

[1] 大正十四年：1925年。

史加以细致的研究,是难以下结论的。

3

在器械工业不发达的江户时代,"工"也微不足道,不能形成一种独特的社会势力。在手工艺的时代中,所谓"手艺好"的手艺人,往往是与奢侈品的制作密切相关的人。由于这样一种身份作用,他们作为城市生活者,最终被融入到商人阶层中,而形成了"町人"阶层。而使町人阶层成气候的是金钱,因而町人阶层也可以称作是生意人阶层。他们是江户时代的新兴阶层,是明治、大正时代资本主义文化的直接源头。

4

以上提到的《告各地乡村》的告示发布的同时,幕府也下达了《告城镇居民》的告示,此告示一共由十一条构成。包括:

一、町人的用人不可穿丝绸衣裳;

二、町人不可身披防雨斗篷;

三、町人行为举止不可放肆;

四、町人家中不可置备描金家具；

五、町人盖房不可以金箔银箔雕梁画栋；

六、町人楼房不能超过三层；

七、町人车马不可描金，不可在马头上挂有编织饰物；

八、町人骑马不可使用坐垫、毛毡之类多余之物；

九、町人使用祝福语不可过分美化讲究；

十、町人不可携带长柄的腰刀；

十一、町人不可做出格之事。

这是一个简单而又冰冷的禁令，完全不像乡村告示那样亲切和气。对町人与对农民的两种不同的告示，具有两种不同的语调，两相比较，说明了为政者对町人缺乏对农民那样的爱心，还是因为町人经多见广而不需要那种婆婆妈妈的和蔼亲切？无论如何，这个禁令所提供的信息都足以使我们推测，当时的町人在生活水平上已经远远地超乎农民之上了，两者的实力上的差异决定了官方对他们的不同态度。一般而言，大凡禁令的发布，都是因为此前与禁令相抵触的事情已经多有发生，由于江户时代统治者有绝对的权力可以根据需要随时颁布法令，所以这一禁令的出台是有特别背景的。也就是说，我们可以通过这个禁令，知道当时的町人已经让用人穿上丝绸衣裳了，已经在家里使用描金家具，而且使用金箔银箔等手工艺品了，已经建造三层的楼房了，在其祝福语和举止动作中已经非常具有"美化讲究"的能力了，外出的时候已经佩戴长柄腰刀了，已经穿用从外国进口的绫罗绸缎的斗篷了，骑马时已经开始使用马鞍装饰了，已经使用骑马用的坐垫、毛毡等物。由此，当时町人所具有的奢华时髦的都市生活趣味，我们就不难想象了。将町人看得比农民低一等的官府，面对眼前的活生生的事实，也不得不允许町人过着比农民更优裕的生活。在给乡村的告示中，规定"百姓的衣裳除棉布的之外，不准在外面披挂装饰"。而对于町人，"不可穿丝绸衣裳"的规定则限于町人雇用的用人。又，根据庆安以前的法令，农民在车马上使用马鞍、毛毡垫等物，即便在一生一次的婚嫁的场合也是不允许的，但是对于町人，马鞍之类只要不带描金即可。还规定农民应该食用掺杂粮的米饭，家庭主妇不能老是买酒茶之类的消费品，（例如在对乡村的告示中，规定"对那些沏茶时放茶叶过多、又喜欢游山玩水的妻子，应予休之"之类的文字。）这在针对町人的告示中则是完全看不到的。德川幕府初期，町人的实力已经达到了何等程度，由此可见一斑，随着承平日久，町人的实力又是如何不断增强的，也完全可以想象。

5

武士要保持武士的统治地位，他们为此会做哪些事情呢？要保持一定程度的社会稳定，就需要不断地使用暴力手段，而普通民众就要生活在其武力之下了。简言之，那样的时代就是乱世。而随着天下太平，武士的社会地位就逐渐式微了。他们却仍然要保持自己的统治地位，就必须具备与一般武人不同的能力和资格，也就是在智慧和政治才干上占据优胜地位。在这种情况下，战乱时代也不可轻视的经济实力（借用早见藤太先生的话说，"总不能饿着肚子打仗"）到了太平岁月，就显得越来越重要了。对这种重要性能否有自觉的认识，是新武士与旧武士的区别。在这个意义上，德川家康是新型武士的典型。他之所以能够取得最后的胜利，有一半的原因就是他在这一点上很明智。关于新型武士德川家康和旧式武士细川忠兴之间的金钱借贷的故事，早已是家喻户晓的了（参见《藩翰谱》中有关细川氏的部分），那不单是两个人之间的逸事，而且对于新旧武士之不同也是一个很好的诠释。细川忠兴无疑是一个出色的武士，但在理财方面却不擅长，于是在金钱上逐渐陷于窘迫境地。因为缺钱，他向关白秀次借了二百枚黄金，在秀次即将被歼灭的时候，他要把那些钱还上，免得自己受到秀次的牵连，为此而心急如焚，但他一下子拿不出这笔钱。这时新型武士松井佐渡守出现了。松井通过家康的谋臣本多佐渡守，私下向家康请求帮忙。家康打开自己的唐式铁钱柜，将用于"不时之需"、早就准备下的钱拿了出来，交给了松井。结果，这笔钱后来使家康获了大利，成为他日后的资本。细川忠兴是前田利家的姻亲，后来丰臣的诸谋臣合计拥戴利家而除掉家康，忠兴则力谏利家，使之取消这个计划。就这样，二百枚黄金把家康从灭顶之灾中拯救出来。感于恩义的旧式武士，最终成了"恩人"的手足，而帮助家康实现了伟大的抱负。新型武士则受用于他们的恩义，借助旧式武士之手，一步步地实现了自己的理想。于是，新型武士得以统治天下，而旧式武士则因"重恩义"而保证了身家性命的安全。前者成了"征夷大将军"，后者则成为其麾下的臣子。《藩翰谱》的作者新井白石[1]在谈到秀次出借黄金的动机时，做了这样的说明："为博取人心而利用钱财。"不知是有意呢还是无意，在字里行间颇有前后照应之妙。

6

然而就是这样一个足智多谋的人，却不能摆脱命运给他设下的陷阱，这是因为，他从前造就的因果，与他在成长过程中所受到的影响及教育限定了他的视野，是因为他视野之外的不能预期的东西，作为决定性的要素而影响了他的决策。诚然，由新型武士德川家康所创立的德川幕府及其政治家们，对时世推移绝不是没有感知的。被新政府弃之如敝屣的旧式武士们的反弹式的武断主义，不过是新时代的政治家们所采取的文治政策的一种调剂品、一种清凉剂而已。从穷兵黩武的战争时代，向讲秩序重法度的太

---

[1] 新井白石（1657—1725）：江户时代儒学家、政治家，主要著述有《藩翰谱》《读史余论》《古史通》等。

平时代发展演进的各种政策，都逐渐地得到稳步的推行。不过，尽管他们足智多谋，然而脚下却也有踩空绊倒的时候。踩空绊倒他们的，就是其经济政策。如上文所说，农民的年供就是幕府政府的经济基础，政府却忽视了向町人课税，没有想到把这一点作为他们经济上的调控手段。他们向町人征收的所谓"冥加金"[1]和常常或随时进行的劳役征派，还有不定时地突然对町人征收的"御用金"，却常常成为办事者和町人之间的私下交易。这种私下交易的结果，使町人在背后对官员实施了支配。町人与武家的关系，与德川家康和细川忠兴之间的关系相比较，简直有云泥之差。但后者的死活是由前者来决定的，这一点倒是一脉相通。若将武家被町人所操控，与忠兴臣服于家康相比较，前者更具有深刻的必然性。细川忠兴若注意理财，大概就不至于被家康握在手心里了。但是，武士本身既不是生产者、不是企业家，更不是商人，无论他们有多大的能耐，不依靠町人就不能保持自己的势力。要避免这一点，武士阶层就必须自己组织企业集团，但这又与他们的人生观、道德观、名誉观相矛盾。"士族商法"就是武士阶层的自我否定。若不自我否定，就不能保住自己的统治地位，这就是封建武士专制制度中所包含的"Dialektik"（辩证法）。

---

[1] 冥加金：一种带有感谢政府保护照顾而交纳的费用。

7

儒学家太宰春台[1]在延享三年（1746年）第八代将军德川吉宗隐居后的第二年去世，距离德川家康任大将军的庆长八年（1603年）已经过了近一百五十年了。德川幕府在春台死后又延长了一百二十年的寿命。因而太宰春台显然属于江户时代中期的人。这个时代武家与町人是怎样的关系呢？根据春台在《经济录》中的记载："今日诸侯，无论大小，都垂首听命于町人。依靠江户、京都、大阪等地的富商，而得以持家度日。财政收入全依赖于町人，在收纳的时节，由'子钱家'去讨钱封仓。所谓'子钱家'，指的就是去借钱的人。财政收入即便有，也往往入不敷出，不得不去借贷，于是有谢罪之心而惴惴不安，见了'子钱家'就像见神灵菩萨一般，忘了自己身为武士而向町人低首下眉，或者将传家宝典当出去以解燃眉之急，宁让家人挨饿却对'子钱家'酒肉招待，或者因为他是'子钱家'，就把这等商人之辈列为家臣，给予俸禄。如今这种不顾廉耻、不仁不义之徒，比比皆是。连诸侯都是如此，何况那些只有薄禄的士大夫！"这些话出自一个愤世家对现实的不满和批评，对此阅读时要加以分析辨别，但我们还是能够从中看出，武士阶层在经济上的隶属地位已经达到了何种程度！

---

[1] 太宰春台（1680—1747）：江户时代儒学家，著有《经济录》《产语》等。

武士阶层为什么会陷入经济上的窘境呢？要对此加以令人满意的说明，需要对经济史加以细致研究才有可能。但有一点是没有疑义的，就是武家感染了町人的奢侈风气，从而加速了经济上的危机。这种情形并不是通常的上行下效，而是下面的人生活的奢华对上面的人产生了诱惑。这种奢华早在桃山时代[1]的丰臣氏的生活方式中就已经初露端倪了。不过，进入江户时代后，町人越来越成为这股潮流的"Initiativa"（弄潮儿）了。站在武家的立场看，这就是"士风颓废"；而站在町人的立场上看，则是町人的胜利。当时，由于海外交通的禁止，海外贸易受到了限制，町人的事业发展壮大也受到了制约；又由于诸侯的土地占有，国内的投资也受到束缚，在这种情况下，当时的町人，如纪文、淀屋那样的町人，把奢侈生活作为活力宣泄的渠道，那就是顺理成章的事了。假如幕府对这种现象加以重视，使之尽可能向健康的方向引导，那就需要取消对町人经济活动的种种清规戒律，让他们的经济事业作为一种事业而获得足够的发展空间。然而官府却相信依靠那些不自然的禁令就可以阻止这种潮流，殊不知自然之势要比法令强大几万倍。在频频颁布的禁令下，奢侈之风却如燎原之火扩展开来，本来质朴刚健的武士却受到了这烟火的熏染而紧步町人之后尘。但是，原本捉襟见肘的经济状况，与经济上过剩的町人毕竟难以匹敌，到底无法像町人那样任意挥洒。他们不

---

[1] 桃山时代：指16世纪后期丰臣秀吉掌权的约二十年间。

得不走到町人跟前，靠借钱而寅吃卯粮。向町人借贷无异于给町人灶下添柴。作为武士唯一财产的农民的贡米，也经过商人之手来流通，成为商人致富的门径。围绕着大阪的藏屋敷[1]的"挂屋"[2]和江户藏前的"扎差"[3]，在致富的同时也扩展了社会势力，并昂首阔步地向游里和戏院寻求发展。又，幕府进行钱币改铸的时候，像中了梅菲斯特之诡计的"皇帝"[4]那样为的是得到一时的开销，却使最终利益落入了商人手中。就这样，从经济角度看，武士们就像脖子套着铁链、栓在汽车后头被拖着狂奔的狗一样。到了幕府末期，武士阶层的经济状况恶化到了什么程度，我作为外行没有充分研究，正如两三位学者所做的那样，将各藩[5]的经济状况加以调查研究，是一项饶有趣味的工作。但不管怎么说，这种状况为维新革命的爆发、为武士幕府制度的崩溃准备了社会条件。因而，我作为外行人敢于断言：明治维新改革的结果，不是岛津幕府或毛利幕府取代德川幕府，而是实行四民平等的新政。

---

[1] 藏屋敷：为武士大名分发贡米而在大阪、江户等大城市设立的仓库管理机构。
[2] 挂屋：预收"藏屋敷"的钱款、从事金融业的商人。
[3] 扎差：代武士经手贡米、收取手续费的商人。
[4] 参见德国诗人歌德的《浮士德》第二部第一幕《皇帝的宫城》。
[5] 藩：日本江户时代的行政区划，诸侯领地。

8

就这样，町人成为江户时代经济的，而且也是文化的中心势力。他们要宣泄过剩的活力，要慰藉自己的压抑渴求，就需要他们自身来创作自己的文学艺术。江户时代的平民文艺充满活力，但缺少教养；既为蝇头小利而争斗，也顾忌着不去触犯武士精神；既感到权力下的压抑，又有自强意识；既服膺于心学[1]这一当时正统的哲学思想，又奉行肤浅的Synkretismus（妥协主义）。在这种无法统一的矛盾体上长出了种种的Auswüches（肿疱），这就是町人所具有的不可思议的特质，并形成了一种连续性的传统。像这样在他们自身的直接的冲动中产生的文艺，是人们此前从来没有见过的。这种文艺在前期表现为豪爽，后期则变为纤细洗练的感受性的投影。这种文艺纵有种种的缺点，却贯穿着不屈不挠的力量，而且这种文艺还集聚了其他阶层的趣味，正如一首俳谐所写的那样："女人们偷看公子哥儿，挤倒了屏风。"（见《猿蓑》，作者凡兆）无论是当初不屑一顾的人，还是有意回避的人，到头来都被类似"在屏风上偷窥色男"的欲望所征服，而不得不朝着町人创造的文艺探头探脑。从这个意义上可以说，町人阶层是江户时代的胜利者。

想来，最能够代表江户时代平民文艺的还是戏剧。从当时思

---

[1] 心学：江户时代在中国儒学的心学（又称阳明学）的影响下产生的哲学流派，主要指石门心学，是将明代王阳明的学说与神道、佛教调和起来的一种实践性的道德学说。

想意识的表层来看，俳优是平民艺术家中最受歧视的。他们不过是"河原乞丐"而已。对于他们加以轻蔑与不屑的不单单是武士阶层，还有同为平民艺术家的浮世绘画家们。对春信和歌麿都有相似的传闻，说他们都不屑于画俳优（参照《浮世绘类考》）。但自命不凡的"日本绘师"春信、歌麿，却都是画游女最为拿手的。由此可见，当时俳优的社会地位是何等低贱！然而实际上，如果说游女是吉原那个自由的社交世界的女王，那么俳优则是整个城市所有人都关注的皇帝。他们拥有几乎凌驾于一切人之上的社会影响力，同时却又被视为"秽多非人"的贱人而备受歧视。他们一方面被轻蔑地视为"秽多非人"；另一方面，上至将军夫人、下至小店的老板娘，几乎所有人都对他们尊崇、喜爱，并以一睹芳容而后快。据记载，嘉永三年（1850年），第八代团十郎在中村座的春芝剧扮演助六的时候，"在闭幕时，人们订购助六使用的天水桶装的水，一瓶一分金，一桶水都不够卖，从业者意外地赚了一大笔。那些喜爱助六的女观众买来此水，融入白粉，搽在脸上，故供不应求"（《俳优百面相》）。这是都市女子常见的赶时髦的行为，但由此也可见当时俳优的社会声望。等级歧视与社会声望两者的矛盾，在他们身上以一种戏剧性的效果表现出来。

以上所说的俳优所具有的超强的人气，也证明了戏剧与娱乐、与好色有着深刻的联系。这一点古今东西都不乏其例，但对于以"倾城歌舞伎""若众歌舞伎"[1]为滥觞的江户戏剧而言，

---

[1] "倾城歌舞伎""若众歌舞伎"：初期阶段的歌舞伎样式。"倾城"是游女的代称，"若众"是年轻男子，两种歌舞伎都具有情色性质，并遭官府禁演。

恐怕更是如此。我们从浅井了意[1]所作的《东海道名胜记》和三浦静心[2]的《慢物语》等作品所作的记载中，就可以看到这一点。对于以出卖色相为能事的俳优，和那些为了美色而出入剧场的观众，德川幕府采取了压制的态势，这也不是没有缘由的。这种政治性的干预在某种意义上说也是剧场自招其祸。另一方面，这种干预对于戏剧一步步走向粗野低俗也是一种有效的牵制。不过这种牵制并没有完全达到预期的目的，不得不眼看着戏剧按它自身的轨道向前发展。从这个意义上说，我们可以看出戏剧是怎样超越了町人社会的范围，进一步渗透到武士阶层，特别是他们的后院中去的。这也使我们更清楚地了解，德川戏剧艺术是如何将其黑暗面朝外围扩大。

在江户时代初期，等级思想还没有完全确立，各阶层还保有相互抗衡又相互交流的自由。那时以幡随院长兵卫和唐犬权兵卫等人为首的"町奴"[3]，可以与水野十郎左卫门、加贺爪甲斐等"旗本奴"[4]相抗争，因而俳优也常常以在这些贵人面前献技而感到"光荣"。据说庆长八年，出云阿国[5]曾在新上东门院的

---

[1] 浅井了意（1612—1691）：江户时代"假名草子"（主要用假名写作的一种类似小说的文学样式）作家。
[2] 三浦静心：江户时代作家。
[3] 町奴：江户时代初期，与"旗本奴"作对的町人中的暴力团体。
[4] 旗本奴：直属于幕府大将军的武士（旗本）中的犯上作乱者。
[5] 出云阿国（1572—?）：女艺人，日本歌舞伎的创始人。

御前跳过舞，宽永十年[1]，大船"安宅丸"从伊豆的下田驶到江户的时候，猿若勘三郎曾站在船头高唱"木遣音头"。当时的大名旗本等曾招来"若众"[2]在席间表演助兴，可以说那是流行的一种"歌舞伎"[3]。但是，随着沉湎于男女歌舞伎的堕落僧人、出轨的妇人和为争夺"若众"而拔刀相向的武士越来越多，官府对他们不得不采取措施。承应二年[4]，官府颁布《若众歌舞伎御法度》，此后官方与剧团之间的关系则是时松时紧。但无论如何，在这种情况下，至少在表面的社会上，俳优只能被视为在河原那块地方厮混的不体面的戏子。然而也经常有武家的闺房小姐和妇人不顾禁令，对河原的俳优想入非非。即便在平民中也被视为卑贱之辈的戏剧俳优，却也常常乔装打扮，频繁出入于武士的深宅大院。至今人们仍耳熟能详的几个情话故事，就是在那时产生的。

俳优与武家女子的关系，绝非是从著名的江岛生岛事件[5]开始的。江岛三十三岁时被远岛招去，那是正德四年（1714年）第八代将军德川吉宗继位的头两年，而在六十二年前，即第四代

---

[1] 宽永十年：1633年。

[2] 若众：年轻男子，在此特指歌舞伎中的年轻男演员。

[3] 歌舞伎：近世初期产生的日本固有的戏剧样式，由出云阿国的念佛舞为最初形态，后来发展为融舞蹈、科白、音乐为一体的歌舞伎剧，并流传至今。

[4] 承应二年：1653年。

[5] 江岛生岛事件：江岛是德川幕府第七代将军德川家继的生母月光院的大管家，喜欢看戏，与俳优生岛新五郎过从甚密而受到追究，并被处以流刑，同案数千人也受到处罚。明治维新后，多种戏剧、小说以此事件为题材。

将军德川家纲在位时期的承应元年，就有一个诸侯的妻室与俳优私通了。据说两人曾谋划一起情死（参见伊原青青园《近世日本演剧史》第94页）。此后，在第五代将军德川纲吉时代，也有记载说一个名叫中曾见的大家闺秀与俳优私通。宝永三年[1]生岛大吉被尾张地方的一个武士遗孀爱上了，好长时间内频频出入闺房。后来生岛大吉的兄长新五郎与江岛之间发生了那件众所周知的事，江岛强请御用商人一起去看戏，想象一下她那种大胆放肆的做法、那种在剧场中旁若无人的样子，就可以知道当时像这样没有公开化的事情还是有不少的。不用说，此后幕府在风纪管理方面越来越严厉了，但闹市中的喧嚣引得那些大家闺秀蠢蠢欲动，最终铤而走险的事件时有发生。文政二年[2]，在中村座与玉川座，第三代菊五郎和第七代团十郎相互竞演助六的时候，纪州的一个武家小姐故意在两个剧场前通过，将车轿的窗口打开一个缝儿，久久盯着舞台。这位小姐因此而受到处罚，被押送回家，随从者被命令切腹，其他六人被永久关押（参见伊原青青园《近世日本演剧史》第379页）。像这种事件，就是为满足渴求而引起的可悲的牺牲。然而就是在这种严刑峻法之下，依然有人铤而走险。大名的妻子女儿与演员在后台幽会，谈情说爱，已经是公开的秘密了。同样地，关于梅寿菊五郎（据说此人是一位罕见的美男，壮年时曾在剧院后台一边照镜子，一边说道："我怎么会长得这

---

[1] 宝永三年：1706年。

[2] 文政二年：1819年。

么美呢?"旁边的人听着,也认为他说这话是理所当然),有这样一段逸事:

年轻时,他喜欢上了一位大名家的小姐,便在用人的引导下偷偷地进入小姐卧室,小姐坚辞不从。他只好起身说:"那好吧,我走啦!"接下来那小姐看清了眼前这人的相貌,便叫道:"啊,别……"他到了晚年,仍对这件事津津乐道。这事是默阿弥[1]讲述的。(《俳优百面图》)

以上举出的例子,并不是日本戏剧史上的光彩故事,从三百多年来卑下的社会地位中摆脱出来,把戏剧置于表现人生的舞台上,而且是最为核心的位置,这是今日的演员努力追求的目标。当我们把上述的事件作为当时社会现象的一种典型反映的时候,它便有了特别意义。那一出出曲目曾使满城的人为之心动,剧院街的热闹使年轻男女心荡神驰。无论理发店、澡堂还是街头巷尾,大家都兴致勃勃地凑在一起谈论着剧情和演员。俳优真正成了町人社会的无冕之王。而且这些无冕之王在轻松演出的时候,对当时的统治阶层的内心世界是有所冲击的。对那些在不自然的女护岛[2]上度日的女佣,还有那些身居深宅大院的小姐而言,俳优的一颦一笑都会使她们全身热血沸腾,为得到一时的享乐,有些人

---

[1] 默阿弥:河竹默阿弥、江户时代歌舞伎剧本作家。
[2] 女护岛:只有女人居住的想象中的岛屿。

会冒着生命危险与俳优幽会。江户时代的演剧是在町人中产生的艺术，但同时又超越了町人阶层，而打动了各阶层人们的心。町人社会及他们所取得的胜利——无论好歹都不得不表现自己旺盛生命力的町人社会及其所取得的胜利——都在江户时代的戏剧艺术中得以结晶。那些无耻的、不负责任的、漫不经心的、有时又是残忍的俳优的淫荡行径，是町人对统治阶级取得胜利的标志。

两处"恶所":戏院与游里

1

前面所画的戏院街和后面所标示的深川之外的料理茶屋和卖茶摊,还有旅馆女招待和吉原町[1],均为世间的恶所。

以上是《宽天见闻记》中的话。《宽天见闻记》以作者的耳闻目睹,将宽政以降至天保年间[2]世相的变迁记录下来。我们引用的这一段话,直接表明了江户时代后期关于"恶所"的观念。这种思想观念在江户时代初期就已经形成了,不久便将游廓和戏院包括进来。对那个时代的书籍资料多少有所阅读的人,对此都能有所了解。因而我们可以说,贯穿江户时代的大部分时段的剧院町和吉原町——从全国的角度看就是京都的岛原和大阪的新町——都被看作是具有代表性的"恶所"。按当时的伦理观念,

---

[1] 吉原町:江户时代江户城的一个街区,是当时的红灯区。
[2] 天保年间:1830—1845年。

人们表面上是把这两个场所作为"恶所"加以排斥的。然而正是作为"恶所"而被排斥的剧场和游廓，却是江户时代平民文化最多产、最富有特色的不断流出的两大源泉。如果把戏院和游廓按当时的观念视为"恶所"的话，那么这个时代的平民文艺岂不就是"恶之花"吗？把这两个场所视为"恶所"，那么从这里开出的花朵，怎能不是"恶之花"呢？既然把这两个场所视为"恶所"，却又为什么能在这个"恶所"当中培育出五彩缤纷的"恶之花"来呢？这些都是我们必须解答的问题。

想来，当"恶所"作为"恶所"被排斥的时候，"恶"是不会获得让花得以开放的生产力的。第一种情形，当"恶所"在表面上被排斥，在私下里被欢迎的时候；第二种情形，当"恶"深深地渗透于人生中，人们在与这种鲜血淋漓的"恶"进行战斗的时候，仍然不得不承认"恶"的强有力的时候，"恶所"中才能开出特异的花朵。江户时代的"恶所文化"主要属于第一种。实际上，那个时代的思想意识，从整体看来并不是那种把"恶所"作为"恶"，从心底加以排斥的伦理道德的东西。他们虽然对这种伦理道德也有需求，但社会的实际情况却妨碍了道德伦理的彻底贯彻。对有些人来说，若不是在"恶所"，心中的花朵就无法绽放；要使心花自由地绽放，除了直奔"恶所"之外别无他途。要言之，有些人甘于政治社会上的从属地位，然而恰恰这些人才是当时社会上最具有活力和实力的人群。让他们积聚的活力加以释放的地方，人们不可能从内心里加以诅咒。对那些具有强烈生命力的人而言更是如此。就这样，江户时代的平民一方面按传统的道德观念来规制自己的体验，甚至带着一种害怕身败名裂的恐惧，将戏院和游里视为"恶所"并憎恶之；另一方面又禁不住将那里看作是极乐世界而心向往之，并且跃跃欲试。他们那追求美和自由的心，反抗着带着紧箍咒的头。更准确地说，在头脑中他们把"恶所"作为"恶"而否定，但内心里却背道而驰，急欲投身其中而后快。由于自己的内心生活的需要而不能对"恶所"完全否定，同时由于既定的伦理道德意识而堂皇地否定"恶所"，正是这种半推半就的态度导致了"恶所"的发达。"恶所"以及围绕"恶所"而发展起来的平民文艺，摆脱了伦理束缚的自由，在严格的道德王国之外开辟了另一个美的王国。虽然那已经破绽百出的劝善惩恶的轻纱仍然笼罩在身上，但他们却已经对那心醉神迷的美的世界趋之若鹜了。对于他们而言，所谓道义的世界并不是非加以攻破不可的敌国，而是作为异国敬而远之，避免它妨碍自己。他们没有发现善与美在原理上的一致，而是将两者平行起来，善未必需要性急地来征服"恶所"的美，美也不是粗鲁地反抗善而标榜自己的独立。当两者冲突的时候，美暂时忍耐回避一下，就如同隔岸观火一般，冷眼相对。这种状态就形成了江户时代文化的一种特异的矛盾和分裂。一旦两者有一方越过了自己的领地而试图征服另一方并导致粗野行为时，就能绽放出与此完全不同的另一种恶之花来吗？从纵火逞恶的行为中可以实现纯粹的意志吗？事实并非如此。在上述的第二种情形中，"恶之花"

培育出来，并且流传到后世。保守禁锢的头不能充分遵从心的欲求，而心却对头的命令阳奉阴违、自行其是，如此心与头形成了分裂。头断定为恶者，心却孜孜以求。就在这样的矛盾纠葛中，江户时代的恶之花开得绚烂多彩。而且具有讽刺意味的是，"恶所"的花朵却见不得阳光，它之所以拥有不可思议的美，一是因为它是由心产生的对于美的非一般的追求，二是因为心的表现的欲求在其他方面都被堵塞了，因而不得不全部倾注于此。

2

为什么要将戏院列入"恶所"呢？因为戏院实际上与游廓是一对孪生子。到后来戏院也得到了游廓的帮衬。而且，所谓"深川以外的料理茶屋、水茶屋"等场所，也成了以吉原、新町、岛原等为代表的游廓的一种派出机构、一种补充或一种变体。因而游廓实际上是"恶所"中的"恶所"。要探讨"恶所"之于江户时代的文化意义，游廓的问题是无论如何不能回避的。

那么，江户时代的游廓具有怎样的社会功能呢？在人们看来，它只不过是尽可能安全、尽可能趋利避害地满足人们性欲需求的地方吗？根据元和三年[1]幕府准许在原来的吉原开设游廓时

---

[1] 元和三年：1617年。

做出的五条规定（详后），当时官方的意思是为了方便在这里缉拿逃犯。但是一个满足性欲需求的场所必须实现自己的功能，它要成为积极推动时代文化的一种力量，那就需要在此之外附加另外的功能。江户时代的游廓实际上超出了当局的预期，具有了性欲满足之外的功用。由于这样的功能，它终于担当起了一种历史使命。正是游廓，使近松写出了《夕雾伊左卫门》，使春信画出了《青楼美人》，使歌麿画出了《青楼十二时》，使新内创作出了《明鸟》和《栏蝶》的主旋律。只有我们确认了这些事实的时候，游廓的历史功能方可得以证实。

诚然，游廓毕竟就是"游廓"，它绝不是教化的机构。我这样说，是要表明游廓的功能毕竟是不能脱离人们性欲生活的满足。但它虽然不脱离性欲的满足，却又具有了超乎其上的作用。《夜鹰比丘尼》等所表现的毕竟是未能得到满足的性欲生活的美化。性欲生活中的复杂的情感活动，相互交流中的亲昵和矜持，对物哀、气质品位的要求，正是在这一点上，江户时代的平民，与平安王朝时代的贵族——以《源氏物语》中的人物为代表的王朝贵族——是一脉贯通的。可以说，游廓作为"色道修业"的最重要的道场，是把中世时代的贵族府邸与别墅这两种场所加以拆分后的一个代表性的缩影，我们在读柳亭种彦的《田舍源氏》[1]的时候，看到作者把《源氏物语》中的"六条御息所"作为安置大龄

---

[1] 《田舍源氏》：柳亭种彦的长篇小说（即所谓"合卷"），全称《赝紫田舍源氏》。

游女的地方，就会为这一构想感到吃惊。但转而一想，在这方面平安时代与江户时代的差别，毕竟只在于游女阿古木是六条妃子的变形而已。这样看来，"六条御息所"这种地方岂不是最具有代表性的吗？在江户时代的游廓里，收纳了《源氏物语》中六条妃子的转世后身，也正是在这种描写中，包含着江户时代町人文化生产力的最初胚胎。

从江户时代游廓的文化生产力这一点所体现出的"性欲生活的美化"，与男女恋爱而产生的性欲生活的伦理化及由此产生的美化，我对于这两者是加以严格区分的。后者几乎可以说是西方的文学艺术中的传统观念。在西方，对处女的崇拜，对恋人的神圣不可侵犯感，即便不是唯一的表现形式，至少也是最为纯粹的形式。这个意义上的性欲生活的美化，在日本是到了明治时代以后才开始出现的，这样说或许并无大错吧。把这个作为一个严肃问题提出来，是因为我们历来都不太尊重女性的独立人格。传统的原始神道不必说，从儒教和佛教生发出来的恋爱观念，都是过于自发、过于功利或者是过于非人格的。而与此相反，从平安时代到江户时代源远流长的"性欲生活的美化"的思想，其立场是完全不同的。它是以性接触为基本假定的。这一思想观念与一夫一妻或一夫多妻的事实未必势不两立，尽管它是将性的接触作为一种单纯的孤立的露水之缘，但它却要求必须是整体的、象征性的享乐。从这一角度来看，"越是讲'意气'就越是如胶似漆"[1]

---

[1] 原文："粋の粋ほど嵌りも強く。"

(新内《明鸟》语)的那种恋爱,最终还是占据了主要地位的。然而,与人情纯化的极致相比,与前者站在伦理高度的崇高相比,它还是很低调、很自然、很可怜和很有人情味的。特别是要开出这样的恋爱之花来,"即便是腰缠万贯也会花得精光"(《梅川忠兵卫冥途飞脚》),一旦至此,情死几乎是必然的归结。在两人相互知悉的心里,必然会唤起相互的同感和哀恋,乃至相互的崇拜之情。只有与这种英雄化(所谓"英雄"是憧憬者的代表)的心理联系起来,这种情死文艺盛行的现象才能得到理解。"性欲生活的美化"未必是因为头脑中有道德观念、身体却走向歧途而跌入命运的陷阱。那些神志健全的所谓"粹人"[1],那些"因恋爱而变得憔悴、可怜乃至愚痴"并且不能自拔的男女,就像绚烂开放的樱花一样,双双情死,香消玉殒。他们满足于一边听着三味线伴奏一边沉湎于死亡的想象中,他们在恋爱与生命的中途消失了。他们选择中途消失,决不为自己背负"色道修行者"之名而感到羞耻。

江户时代游廊的理想的男女关系,出发点并不设定为恋爱,而仅仅把恋爱作为将来的一种预想的归结,因而它只是某种程度上将恋爱加以剥离的"性欲的美化"。它是彻头彻尾的感觉性的东西,但又小心翼翼地避免不堕入兽性;它调动一切官能来追求感觉上的享乐,但又赋予了人间的温情和品格。像这样的性欲生

---

[1] 粹人:假名写作"すいじん",意即"粹之人",风流之人,特指熟悉游里并在此间得心应手冶游的人。

活，即便最终会导致情死的悲惨结局，恐怕也不会从中产生出真正意义上的"宗教"化的文学艺术来。而且这种对于性欲本身的直接的美化，在世界文化现象中也是独特的。作为部分生活的一种全体化、象征化，它具有唤起艺术冲动的力量。代表着江户时代文化的戏剧、浮世绘和音乐的大多数作品，都可以证明这一点。

为了进一步说明这个问题，本节的最后我再举一个例子。在"偃息图绘"（おそくずえ）——用汉语来说就是"春画"——中，有一些是具有真正的艺术价值的，就这一点而言，日本春画在世界绘画史上也有着独特的地位。与春信、清长、歌麿等人的作品比较而言，像世界著名的庞贝壁画[1]那样的作品，过于幼稚、机械，观赏性很差。而在以刺激性为目的的日本春画中，却有一种温馨、柔和、朦胧的情趣萦绕着现实。这种东西究竟来自何处呢？要对浮世绘美人画加以深刻理解，就有必要追根溯源，在春画中寻求两者何以产生紧密关系的原因。而且这种绘画的半公开性质（"日本绘师"菱川师宣在这类作品上是署上自己大名的，以画俳优为耻的春信和歌麿却对春画颇为自得）是如何从社会意识中产生出来的呢？要了解江户文化的不可思议的性质，就必须从此处入手加以深入探究。考察人们对游廓的看法在某种程度上也是解释这一问题的一个关键。我想围绕这些问题多做些停留、多做

---

[1] 庞贝：意大利南部卡帕尼亚发掘出的古城，以壁画知名。

些思考。

在对江户时代进行考察的时候遇到的一个最突出的困难,就是对我至今仍置于左右的藤本箕山[1]的著作《色道大镜》和柳泽淇园的随笔《独寝》如何做出分析判断,以下我将对此略作探讨。

---

[1] 原文作"畠山箕山",一般称作"藤本箕山"。

藤本箕山与《色道大镜》

1

藤本箕山的《色道大镜》，在立意的独特、写作的真挚这一点上说，可谓天下珍奇之书。他写此书所要达到的目的，就是为游廊做一个内在的（或者也可以说是道德上的）立法。他试图站在与官府完全不同的角度，建立一个理想的冶游之道——即所谓"色道"，并为此付出了人生中最富有创造力的三十多年，终于订出了称之为"宽文格"或"宽文式"的色道法式。"从十三岁那年秋天忝列此道"（《〈胜草〉序》），到了十七年、二十九年后，突然想到要写一部《色道大镜》：

各地风俗虽有耳闻目睹，但所知不详，为详细了解，而走关东[1]、往中国[2]、渡九州[3]、逛遍各地青楼粉阁，对其间风仪有所

---

[1] 关东：日本的地区名称，指东京一带。
[2] 中国：日本地理区域，一般指"中国地方"，山阴道、山阳道两道的合称。
[3] 九州：日本地名，即南部的九州岛。

知晓。对畿内[1]小范围的青楼，则常年体验观察，以前在六条[2]居住时，曾寻访此道老年达人。但随着时世推移，风俗也有所变化，为详知内情及演变，不顾众人物议，常年在青楼盘桓，故著成此书。

为写此书而劳神费力，世人却有侧目而视者。然要引人走上正道，必得好人写成此书。对于此道，多有劝人适可而止者，有谁会在此处留心著述呢？为此，我斗胆舍身忘利，著成此书……

从本书的"宽文格"或"宽文式"的异名来看，其主要部分应该是在宽文年间写就的。作者在序文中还写道：

此书尚有一些内容该写，并已写出八卷初稿，无奈我年老力衰、卧病在床，原稿散乱，不拟再改。预料死期不远，心想日后不可让后人嗤笑，于是决定放弃，等于未曾写过。但有朋友劝道：多年心血岂可放弃！无奈，只好请能写的人去写了。后人责怪虽有不免，但若能为年轻后生有所慰藉，或可抵罪。

这段序文是延宝六年（戊午年）写出来的，相当于公历1678年，在欧洲是文学艺术上的巴洛克时代，或许只有在这个时代的文化潮流中，才能产生如此不可思议的独特著作来。这是

---

[1] 畿内：指京城（京都）及附近地区。
[2] 六条：盖指京都街区，京都街区一直按一条、二条、三条等加以划分。

倾注了一生心血，在著述上最为认真（在某种意义上也可以说是最正大堂皇）、超越了俗恶游戏的著作。有人为此书写了一篇汉文序，曰：

粤有吞舟轩箕山云者，其先畠山上总介源泰国之远裔也，从弱冠游心于斯道，东方到于奥武，西方究肥筑，南北纵横，莫所不臻。于斯道，入卮入细，无不涉历。且名斯道曰"色道"，然（箕）山者，是色道之大祖也。山自壮龄常忆著斯道奥秘，然游廓遥遥，风俗区区不果，因兹，力行六十余州，积年三十有余而始作为是书，以题曰《色道大镜》，比左氏三都尤有光者乎，鸣呼山者，所谓当道之臣擘者也……

可见作者大概几近于那种狂狷不伦的人了。

《色道大镜》全书共十八卷，之前只是以写本的形式流传，明治四十二年（1909年）才由国书刊行会刊行的《续燕石十种》收录了其中的九卷，包括：第一卷《名目抄》、第二卷《宽文格》、第三卷《宽文式上》、第四卷《宽文式下》、第六卷《心中部》、第七卷《器财部》、第八卷《音曲部》、第十二卷《游廓》、第十七卷《扶桑烈女传》。另外，我还发现第十五卷《杂谈部》内容的一部分被一个名叫经邦的人辑录在他的《吉野传》（燕石十种本）中了。余下的八卷至今仍不知藏在何处。

（补记：上段文字写出不久，我又在《狩野文库》中发现了

《色道大镜》的写本。其中也有十八卷的总目录，还插入了国书刊行会选取的数卷的片断。据此版本，全书的目录包括：卷一《名目抄》、卷二《宽文格》、卷三卷四（以上两卷不明）、卷五《廿八品》、卷六《心中部》、卷七《习器部》、卷八《音曲部》、卷九《文章部》、卷十《定纹部》、卷十一《人名部》、卷十二《游廊图上》、卷十三《游廊图下》、卷十四《杂女部》、卷十五《杂谈部》、卷十六《道统谱》、卷十七《扶桑烈女传》、卷十八《无礼讲式谏言篇》。这个写本最有意思的地方，就是箕山在自跋中谈了自己的经历，说他写完此书后，灵机一动，把书命名为《昔之俗书》，说自己是"将相关事项材料收集在一起，然后投笔"。为了了解箕山这个人，我们还需要再引用他的跋文开头的一段话："吞舟轩箕山，幼年丧父母，虽出身低微，但因给人当管家，方得以悠闲度日。多年前的一个春夜，受不良影响，而踏入色门。因无人劝阻，于是一发而不可收拾。经年累月，对此道所知渐多，见到为此而家破体衰者不知凡几，尤感可悲可叹，由此研究色道并发心写作，不畏人言，终于写成色道著述，留于后世，而成此道之开山鼻祖……"）

2

我在上文中引用了藤本箕山的《胜草》序文中的一句话。对此有必要稍作一些带有考证色彩的辨析。此书是明历二年（1656年）刊行的"游女评判记"[1]。据石川严先生推测，其署名作者"虚光庵真月居士"乃是藤本箕山的戏号（见《书物往来丛书·花街篇上》前言）。我同意石川先生的推测。理由之一，就是《胜草》的序文中写了《色道大镜》的著者少年轻狂时代的一些豪言壮语，与藤本箕山的情况颇为吻合——

说来，我从十三岁就忝列此道，在女人的长袖和服下，耳闻目睹，身体力行。从第二年年末，便尝试探讨男女情话中的虚实，如此到了三十岁时，对此道了解已有十之八九，昼夜不懈，终于掌握不二法门。于是就想由自己来设立一道，名之曰"色道"。有时自问：谁是此道的开山鼻祖？年轻后生岂可僭越！如今若我不来制定太极法式，将来年轻一辈恐将误入歧途，心气散乱则堪忧，于是发起救世之大愿，将去年春天起构思的《深秘决谈抄》二十卷加以整理编写，虽也为此劳心费力，但因忙于吃喝游玩，一直将此书置于案上而难以完稿。假若我在有生之年将该书完整写出，必将成为后代珍宝……自打我入了此道，几乎脱离寻常世间，世人视我为狂人痴汉。犹如鸟不甘于林、鱼不甘于水，若无此心安能知此心！又，若娶妻生子、贪图俗世之乐，何不从事世俗家业？唯我甘愿做闲云野鹤，使身如草叶之露。原本无才无智，

---

[1] 游女评判记：江户时代以品评、介绍游女及冶游场所的散文类实用性书籍，属于"假名草子"的一种，对于以井原西鹤为代表的"浮世草子"有一定的影响。

若入他道，安能成为天下仅有之色道教主？思忖至此，唯有投身于此道，其他均不足惜。不以浮世褒奖为荣，不以俗人诽谤为耻，所幸者，此道对我而言，仿佛将五湖四海收纳掌中……

在这里，作者立志要开辟色道，并为此道立下千古法式，即便被世人目为狂人也在所不辞，然而与此同时，他又与人在京都生下了两个孩子，不能不说这是极为复杂矛盾的。

理由之二，作者当时三十岁的时候写作《胜草》，又说"去年春天构思"关于色道的书，这与《色道大镜》的作者所说的"我从二十九岁开始，心中有了构思"的说法可谓若合符节。而且，在《胜草》中预告的以《深秘决谈抄》为题名的书，也与《色道大镜》汉文序所说的"自壮龄尝忆著斯道奥秘"这句话也非常吻合。假如说两书作者不是同一人，不过是偶然志趣相同倒是有可能的，但两人都在二十九岁时立下同样的心愿，这种巧合就太叫人不可思议了。

理由之三，根据关根氏的《名人忌辰录》记载，"宝永元甲六年二十一日殁，七十七岁"。假如这条记载是正确的话，那么明历二年正好是藤本箕山二十九岁那年，离箕山自己所说的"到了三十岁时"仅仅相差一年。不知道这一年之差究竟能说明什么问题，《名人忌辰录》中的数字时有误植，要查出这条记载的正确依据，或者需要更改为"七十八岁"也未可知。又，《胜草》的作者说自己时年三十，只是一个概数，也许实际上就是二十九岁。这样一来，《色道大镜》写的二十九岁，也可以理解为二十八岁，倘若《色道大镜》中所说的"忽然灵机一动"的那一年作为《胜草》刊印的那一年的话，那么将明历二年看作是二十九岁那年，在数字计算上应该是正好吻合的。不过，多少有些牵强的是，我们似乎也可以理解为：所谓"从去年春天开始"着手写作的是《胜草》，并非在此书之外又写了《深秘决谈抄》二十卷。但无论怎么说，与其因为一年的时间差异而将《胜草》的著者与藤本箕山看作是两个不同的人，不如看作是同一个人，证据更充分、更合逻辑。

如果藤本箕山是在宝永元年七十七岁或七十八岁去世的话，那么箕山的出生年应该是宽永四年或五年前后（1627—1628年前后），也就是第三代将军德川家光继位后不久，除了知道他曾是贞德门下的一个无名俳人之外，他的出身经历都不太清楚。如果将《胜草》和《色道大镜》联系起来看的话，他的人生主题可以说是一以贯之的。正如他所说的"鸟不甘于林，鱼不甘于水"，他是一个在色道上不知疲倦的人。在《胜草》的序文中他透露，自己到了三十还没有成家，就可以想象他"脱离寻常世间"是多么坚定执着了。比井原西鹤的《好色一代男》（天和二年，1682年）早四十年，他已经没有了西鹤在世之介那个人物身上所加的夸张虚构的成分，而是作为一个富有雄心和豪气的实实在在的风流好色者而生活着了。在六条的游廊移至岛原的宽永十八年（1641年），他已经是一个能解男女风情的少年了。当京都名妓吉野德子被灰屋绍益娶作妻子，并在宽永二十二年去世的时候，离他十三岁"忝列此道"已经过去三四年。当时许多人为吉野德子的离去而悲伤痛苦，还有一首和歌曰："京都啊，变成了一个没有花的城市，吉野变成了一座死寂的山。"想必当时的情景对年轻的箕山也会有一定的冲击吧。当江户的吉原搬迁到山谷，变为新吉原的明历三年[1]，正是箕山的《胜草》刊行的第二年，也是传说被仙台侯杀害的万治高尾——实际上她好像是病死的，人们喜欢把游里中发生的悲剧与名妓联系在一起，到了享保年间的名妓玉菊情况也是同样（参见原武太夫、大田南亩《高尾考》，京山《高尾考》）——的全盛时代，那时正是藤本箕山甫入色道之时。……他"东到奥武、西至肥筑"，在宽文年间的某年，大概四十岁前后，《色道大镜》的主要部分应该已经完成了。联想到松尾芭蕉也引用当时的小曲和净琉璃，以及使用了游廓和众道[2]词汇的那部充满洒脱的《贝覆》也在差不多同时付梓，就可以想象当时是怎样一种时代氛围了。

此后箕山在身体病弱中仍然笔耕不辍，到延宝六年，在朋友的鼓励下终于完成全书时，他已经年过五十。接下去，在天和、贞享、元禄的二十七八年间他是怎样生活的，不得而知。那时正是井原西鹤及其追随者的"浮世草子"创作的全盛时代，也是近

---

[1] 明历三年：1657年。
[2] 众道：又称"若众道""若道"，指男色之道、同性恋。

松门左卫门转向"世话物"[1]创作并进入老龄的时代,在各种意义上想来都不禁令人深有感慨。箕山主动担负的不可思议的使命,为此付出的辛苦和热情,只有联系到游里文化勃兴的时代背景,才能得以理解。即便这种人生设计如何脱离了人生的正道,然而作为一个雄心勃勃的人,他无怨无悔地为此而付出终生努力,这个事实足以说明,他是被一种蓬勃的时代精神卷入其中的。只有看清这种时代精神的本质,才能正确地理解这个时代,对于研究者而言,这是一个不可回避的课题。

3

藤本箕山在《宽文式》下卷胪列了若干和歌,其中有:

见习雏妓[2]什么都做,
就是不动真格,
不能动人心魄。

除了听从吩咐之外,

---

[1] 世话物:近松门左卫门戏剧的题材门类,与"时代物"相对而言,指现实社会题材的作品。
[2] 见习雏妓:原文"秃(かむろ)",当时游廓中服务于游女的十岁左右的女孩。

什么都不知道,
见习雏妓太幼小。

第一次接客,
就要弄男人,
不是一个好女郎。

倾城[1]多才多艺,
最迷人的还是
唱小曲和弹三弦。

好的倾城女郎
慷慨大方,
愿意借钱给客人。

倾城看上去娴雅,
实际上
骨子里对谁都多情。

以上是若干和歌中有代表性的几首。藤本箕山理想中的游

---

[1] 倾城:这里指独立接客的一般游女,又称"青城女郎"。

德川时代的文艺与社会

女是什么样的，由这几首和歌大体就可以推测几分了。她们作为游女，在一般女性中具有特殊性。她们不是贤妻良母，作为游女必须具备一种最基本的资格，就是陪客人好好玩。但是，哄客人玩乐最重要的也许不在于肉体条件，而是要有一种特殊的精神修养，只有这样，肉体上的优越性才能得以充分发挥。所谓"动人心魄""慷慨大方""娴雅"，还有不"耍弄"客人，这些品质修养从当见习雏妓的时候就开始磨炼了，最终才能成为一个名副其实的"倾城"女郎。这些游女应该具有的德行修养，当然应该是富有人情味的，而且要有一些普通女子共同的东西。然而，"动人心魄""娴雅"和"慷慨大方"，或者在会写一手好字、会唱小曲、会弹三味线等"Tüchtigkeiten"（技能）之外，还要特别具备作为一个游女应该具备的德行，那是普通女子，特别是良家贞洁女子所没有的反道德的东西，这是自然的、可以理解的。

　　新接客的游女要避免"不是一个好女郎"的坏印象，就必须具备不"耍弄"男人这一道德。要成为一个优秀的、在业内知名的游女，就要能够"愿意借钱给客人"，以此来具体体现她的"慷慨大方"。她们还要具有一种"骨子里对谁都多情"，必须集万人宠爱于一身。这样的游女的德行修养是以什么为基础的呢？这一点必须建立在对良家女子的轻蔑、对刻板道德的逆反的基础之上，并且由此而确立游廓特有的人生观。我们在下文中将要评述的《独寝》中，已经明确表达了这种轻蔑和逆反的倾向。与"良家女子"相对照的，是对"游女"加以膜拜的英雄美人主义。而

《色道大镜》在表达这些观念时,其基本的出发点是常识的、心学式的功利主义。借用《宫城野》中的台词来说,"侍奉客人最重要",游女的这种想法是一种商业上的考量。而她们越是这样想,她们就越是能够尽浮萍之身的义务,就越是能成为客人的玩物。因而,上述推崇"愿意借钱给客人",或者主张"骨子里对谁都多情"的和歌,方能与下列和歌中的心学讲义式的语调,自然地并列在一起:

只有为老板着想的女郎,
才能真正使自己,
得到益处。

为了自己,
不要不把同行同事放在眼里,
不要轻蔑他人。

在这里,我没有余裕来对这种老生常谈的、常识性的道德观加以评论。我们在这里需要明确的,就是在这种常识主义的限制中,人的美的本能是如何伸张、如何扩展,又如何在限制中创造着风韵风骚的。

4

"太夫"是游里中的女王,不像丰臣秀吉那样是从底层走出来的,太夫也不是从最低等级逐渐登上最高等级的。她们作为从见习雏妓中选拔出来的人,身体不断锻炼,技艺不断长进,在美貌和声音方面,被培养得盖世无双。为此,就需要优秀的姐姐对她加以培养。当然,无论是怎样的慧眼识珠者也有看走眼的时候,作为太夫特意加以培养的人也有不胜任的。这样不胜任的人被称作"太夫降"。在"天神"的等级中,也有因才貌而成为"太夫上"(高于太夫)的人。这样,在"太夫""天神""围"等不同等级中,也就有了上下参差,并根据地方不同而有种种品类。《元禄太平记》的作者对吉原的游女说了一段话,大体上对岛原和新町也都适用。他写道:"在近两千名单的花名册上,太夫才有四人,数量是少了些,此地培养太夫与上方[1]地区不同,基本的条件,除长相之外,各种技艺都要精通,陪同客人闲坐、斟酒、仪态、聊天交流等,样样都不能差。就像专门去女护岛上精挑细选的一样,千人中选一百,百人中选十人,十人中再选五人三人,才能确保其称职。"可见,在严加挑选方面,吉原的游廓比其他两地更胜一筹。大凡是像样的游廓,在太夫挑选的条件和方式上都是如此,从江户时代的严格的等级制度的划分上就可以推知这一点。太夫

---

[1] 上方:指京都、大阪地区。

是游女之理想的具体表现。尽管太夫的数量极其有限，但她们是游廓的招牌和旗帜，具有提升整体格调和品位的重大意义，因而，游女的培养教育是以养成太夫为指归的。

不用说，太夫必须是美的。美与素质一样是需要"打磨"的，要"打磨"自然需要得法。最关键的是不要损害天生丽质的自然的东西。对此，藤本箕山在《色道大镜》中写道：

要从见习雏妓的时候就打磨，一刻都不可懈怠。脖颈处最为关键，要仔细打理，其他地方也很重要，在脖颈处若不白净，是最有碍观瞻的。天生丽质的当然好，年龄大一点再注意保养打磨，就会变好。

倾城的脸部化妆不要过度，但新接客的女郎可以在一段时间里稍施浓妆，端倾城[1]如何化妆，可以随意。有些初出茅庐的客人不辨美丑好坏，只看皮肤是否白皙。举女郎[2]在年龄大一点之后有时也化妆，这样不好，最好停止。一般说来，倾城都是从见习雏妓就朝夕训练打磨的，应该以天生丽质为本。精通色道的人不会嫌倾城的皮肤黑，皮肤黑的女郎干脆就一如原样，这是天生的，不能说是邋遢不修边幅。女人的皮肤过于惨白不好，稍黝黑

---

[1] 端倾城：下等妓女。
[2] 举女郎：应召妓女，地位一般较高。

些倒也不错。个人喜好不同，固有不同观感。

诚然，正如作者所说，"倾城都是从见习雏妓就朝夕训练打磨的，应该以天生丽质为本"；肤色黝黑"是天生的，不能说是邋遢不修边幅"。"邋遢不修边幅"才是她们最应该忌讳的。而她们的修饰打扮，从发型的盘缠、发簪的插法、刘海的留法、指甲的修剪法等各方面，巨细无遗都有规定。特别是倾城的修饰打扮重在服装。从小袖和服、礼服、衣带，到内裙、内衣带的颜色，都倍加留意、无微不至。这样的用意周到都是为了合身——

倾城的同一身衣裳，在客人面前可以重复穿两三次，衣带可以有两种颜色，不可超过此限度。在一些盛大的场合，每次都必须更换衣装。在六条的时候，举行过有十八个太夫参加的盛会，场面庄严辉煌，即便不是高身份的，出席那种盛会的都应更换新衣装。绫罗绸缎、流光溢彩，简直与极乐净土无异。那一天吉野（谥号德子）虽被安排为上客，但却没有出席。问缘由，说是到凌晨才睡，现在还没起床。主办方说，那就把她叫醒吧，于是从座中派一个人前去，叫醒了她，对她说大家都到齐了，敬请光临。她洗把脸后，蓬乱着头发来到座中，内穿白绫的内衣，外穿无花纹的两重黑色外衣，系着杂色斑纹衣带，款款地走出来，从数位女郎身边穿过，到自己的座位上坐下来。各位都看呆了，忘记了与她寒暄打招呼。我只是耳闻如此，并记录下来。

"不加修饰"的极致并不是不修边幅,而是心、是精神,才能表现出高雅的气质。有名的倾城从进家门、待人接物、早晚起居等日常动作行为,到与人聊天、告别寒暄等各种场合,都落落大方、脉脉含情,一举一动都保持很高的格调:

倾城与男人坐在一起的时候,若忽然感到身上发痒,也不能不由自主地去挠痒痒,要默默忍住。让大鼓女郎[1]、见习雏妓给挠一挠或许可以,特别是腰部以下,挠起来更不雅观。假如被虫子等东西蜇咬了,难以忍受,就要起身到卧室处理。假如在男人看得见的地方干这种事情,是很不好看的。

一进入蚊帐就驱其中的蚊子,这样做是很不雅观的。在蚊帐的边角处打蚊子,更是难看,此事女郎不可为之,要让女佣、见习雏妓来做。在驱蚊时,要站在那里,把蚊帐的一角高高地撩起来,待驱蚊结束后,把头稍微低下去,进入其内……进入蚊帐时重手重脚,是很不风雅的。一切应该以从容舒缓为佳。

……

尤其会暴露游女土气的,是夜起的时候吃东西。所有游女都

---

[1] 大鼓女郎:江户时代初期京都大阪一代妓女(艺妓)的一种,主要靠歌舞音曲在宴席上陪客。

必须注意不能在客人面前吃东西。特别是深夜起来为客人找东西吃的时候,"太夫、天神不用说,就是围女郎、端女郎,除了喝酒以外,也是不能吃东西的。无论与客人多么熟识,都不能吃东西。假如是稀菜粥,太饿的话可以喝一两口。喝汤就没有必要了。唯有什么都不吃才好,对有关厨房的各种饭菜料理名称,连提都不要提"。进而——

女郎对做饭炒菜之类的事情,越是一无所知,就越显得优雅。这些事情是那些用人干的。北川家的贞子野风夜起的时候,朦胧看见别人在打鸡蛋,觉得很好玩,就凑上去说:"让我打一个试试吧!"人家就拿出来让她试,结果一个都没有打好,倒把手都弄脏了。那种生疏拙笨的样子,反而显得高雅、可爱。

似这样,优雅的太夫,任何方面都像养在深闺中的大名家的小姐那样,天真、烂漫、高贵。然而,当我们知道把她们培养成这样,其目的只是为了让男人玩得更好的时候,我们的纯洁浪漫的幻觉就消失了,仿佛觉得地狱的深渊张开了大口,随时都会将这些女菩萨吞入口中。

"祈愿来世的倾城"看似矛盾,实则并不矛盾,在过去的宽文年间,这样的倾城女郎不少,因而可以想象藤本箕山为什么特意对此提出告诫。在这一点上,他的奇异的逻辑暴露出了他的伦理立场的不彻底,反映出了他把游女这种职业加以伦理化实际上是不可能的——

近来不知受什么人影响，有些倾城女郎祈愿来世。这是与倾城的身份不相符的。虽然为人要真诚，但如果太真诚的话，就显得愚蠢可笑了。……从事游女这个职业，就是不要让男人觉得世事无常，就是不要让男人太节俭，要让他们尽情享乐。以倾城女郎的身份，却向佛教各宗派试探门径，平日耽于念经，而且在客人坐在身边时还从怀中拿出念珠来，这成何体统呢？这看上去像话吗？又，有的倾城女郎祈愿来世，希望自己做一个真诚无伪的人，看上去是很真诚的，但实际上是极其可笑的。不能口头上说厌弃现世祈愿来世，这要从心里深有所悟但表面上不要有所流露。例如，实际上确实是饿得不得了，但在客人面前也不能吃东西。祈愿来世，道理也是如此。倾城女郎在平常的住处，可以拜佛烧香，可以手数念珠，可以诵读经文，可以洁斋，这些都无可厚非。但是为什么念珠一定要随时不离身，为什么在客人睡在身边时，让念珠受不干不净的纸巾污染呢？为什么要把佛经放在被褥旁边呢？如此之类，岂不是很不像样子吗？声称自己如何如何虔诚精进，就是为了博得一个好名声而已，但有没有不精进的时候，在客人面前吃鱼吃肉的事情呢？只不过是掩耳盗铃、遮人耳目罢了，不足为训。（着重号为引者所加）

游廓这个特殊的虚幻世界，至此已经是不可掩饰的了。在这

德川时代的文艺与社会　　　　137

个世界里,是不允许带着彻底的真诚去生存的。名声、品位、表面上的优雅,这些东西建立在社交性的礼仪基础上,与古今未变的贵族社会的一般特点是相同的。毋宁说,这是因为对贵族社会的向往和憧憬而人为制造出来的"Homunculus"(侏儒)。靠着金钱的力量,平民也可以得以预定和体验贵族社会,从这个意义上说,游廊是为平民准备的一种自由社会。在那里,假如要以彻底的真诚态度去生活、去享受自由,那就会破坏业内的"规矩",而成为"土气"和"愚痴"的人。这种虚饰的形式中包含着优雅、高品位、温柔、矜持的豪气,同时又调和着苦涩的游戏,却能俘获人心。

尼采说过:"对我而言,怎能有一种我外之我?我本来一无所有。但在听着声音的时候我们忘记了这个。忘记,是多么可爱的忘记呀!""人根据事物而做自己想做的,名与声不是回赠给事物的。讲话是一种可爱的愚劣,由此人们在一切事物之上跳舞。""一切的言辞、一切的声音的虚伪都是那么可爱!因为有声音,我们的爱,得以在五彩缤纷的彩虹上跳舞。"(见《查拉图斯特拉如是说》)[1]对江户时代的人心而言,游廊恐怕就是这种"声音"、这种"跳舞"、这种"虚伪"、这种饶舌的温床。而这种"在五彩缤纷的彩虹上跳舞"的美感,在当时的浮世绘和音曲方面都有细致具体的表现。然而,这个特殊世界的虚幻,是因

---

[1] 出典尼采:《查拉图斯特拉如是说》第三部第十三节。

为在那里找不到一个完全意义上的人，在他们发出的叹息中，都或浓或淡地带有忧郁的阴影，而只有这美妙的忧愁的阴影，才成为江户时代以游廓为背景的文学艺术得以探求人生、打动人心的唯一的津梁。

5

藤本箕山的"色道"是"恶所"之道的最为道学化的形态。在某种意义上，他的《色道大镜》是在寻求冶游之道和"世间道"的调和。和其他的"游里文学"[1]相比较而言要放肆得多，在这一点上是最为彻底的。他提出的色道的"理想"并不是远离当时的游里和游客要求的空洞的规矩规则，而是基于当时的实际，代表了时代意识。与其他的"游里文学"做个比较，这一点就更容易看得清楚。在《色道大镜》完成的数年后，天和二年，井原西鹤的《好色一代男》出版，其中说："女郎看似水性杨花，实则聪慧很有主见。"然后他写了一位太夫"起身如厕"的一段，来表现她的举止修养等细节，这与藤本箕山的写游女驱蚊子、打鸡蛋的细节作用是一样的。井原西鹤写道：

---

[1] 游里文学：以妓院为题材的文学。"游里"也称"游廓"，意即妓院。

这位太夫[1]颇有修养、温顺聪明、举止高雅。入席后从不起身去厨房，也不和女用人交头接耳，给客人写回信从不遮人耳目，只写一些礼貌性的词句，为的是不引起当日所接待客人的不满。接待初次到来的客人时，她也注意让客人安心，即便偶尔起身如厕的时候，也是若无其事地走到院子里，一边走一边平静地欣赏着胡枝子篱笆，提着和服下摆以免被露水打湿，当打开厕所门时，也注意不发出声响，不从厕所的竹格窗往外看……从厕所出来后并不立刻返回座席，却是若有所思地眺望着假山的景色。不知不觉间已经洗过手，然后点上一炷香，熏一熏和服下摆。太夫的举止就应该像她这样。

以井原西鹤式的执拗，对那些"不亲身体验就不知道有多好"的事情的描写还有很多，篇幅所限，在这里不能过多引用了。这里所体现的游女的理想是很明确的，那就是重名声、重感情、讲义气、做事又讲技巧，等等。名妓吉野对真心爱她的小刀铁匠的徒弟以身相从，是因为她知道"今天的客人是对此道了如指掌的世之介，瞒也瞒不了他"，即便对那样的嫖客也是慷慨大度地以情相待（卷五·世之介三十五岁时），聪明而巧妙地侍奉初来的客人（卷六·四十岁时），"目光朦胧含情"的野秋太夫（卷六·四十二岁时）在接待熟客的空隙偷偷与情夫幽会，手段高明

---

[1] 这位太夫：指吾妻太夫，见《好色一代男》卷七第六节。

（卷七·五十二岁）——这些行为有修养的游女，从一个方面来说，是从当时花街柳巷的风流客的理想渴求中产生出来的理想人物。然而，另一方面，这些人物又是有真实依据的，这一点可以从吉野太夫的故事中推察出来（参见燕石十种本《吉野传》），特别是作为理想的游女所具有的"花心"而引人注意的，是"野秋同时与两个男人共寝"的故事。游女的花心未必是同时针对许多男人的，其花心仅仅是哄着所喜爱的男人做开朗而又有趣的游戏，由此显示野秋是同时对两个男人都具有由衷的爱情。在她眼里，世之介与传七这两个男人"并不偏袒哪一个，只是希望每隔一天就会见其中一人"。她的"誓文也事先说明要写给他们两个人"，为此并不顾忌别人的诋毁。正如世间对她所恶语中伤的那样："野秋对待男人是一手拿着花，另一只手拿着叶，两边通吃。"其实不然，以她的表白为证——

"说心里话，世之介和传七两位，是一辆车上的两个轮子，我们大概是前世因缘，所以我才如此恋慕、恋爱他们。我只希望自己能有两个身子。"说着，她不由得流出泪水。……此后的三月二日，是野秋与世之介相会的日子。第二天，由于世之介喝醉了，次日未能离去。那天以曲水之宴[1]为由约好了的传七也如期赴会。三人阴差阳错地聚在一起了。他们相互交谈之后，便同榻

---

[1] 曲水之宴：又叫曲水流觞之宴，每年三月三日在日本宫中和豪门府邸举办的宴会，后来影响到民间。

而眠，但他们并没有狎戏之举。野秋实在是个古今无双的倾城女郎。

像这样的游女与客人之间的关系，他们之间的奇妙的包容，可以说是江户时代的游里所开出的优昙花[1]。在这一点上，比起箕山来，西鹤的描写更能体现出"色道"三昧。此外，关于游女高桥接受金钱的故事，也能说明这一点：

世之介趁着酒劲儿，从纸袋里倒出了所有的金币银币，用手捧着，说："太夫，请您收下吧！"在这种场合，按说是不能收钱的。那些新来的游女没见过这种情形，窘迫得脸都红了。而高桥却平静地笑着说："那么，我真的收下啦！"说着便用身边的圆盆接过来，又道，"我当面收下的和书信里要的是完全一样的呀！"边说边把女用人叫过来，说，"这是不能没有的东西啊！拿去吧！"哪朝哪代能有像高桥这样巧妙处理此事的人呢？

藤本箕山关于这一方面的口诀秘传是什么不得而知，反正当时的游里把当面收钱看成是很"下品"的行为，而高桥却能自然又优雅地处理了此事，这种事情在藤本箕山的《宽文格》或《宽文式》中也是没有描写过的。西鹤的"浮世草子"往往避免很露

---

[1] 优昙花：佛经中三千年开花一次的想象中的植物，用以比喻稀见之物。

骨的描写，但在揭示元禄时期色道的真谛、表现其中隐含的别一天地这一方面，可以说是留下了难得的生动记录。

西鹤所描写的游里文化的极致，其基本范围已经超出藤本箕山的色道之外了。对此，我们只要看看他所描写的五个游廓"通人"所谈论的"神代以来无有其类的一位倾城女郎"，就是扇屋的夕雾，就可以明白了——

她的姿色美丽无比，头发即便不梳理也很漂亮，不化妆的脸、赤裸的双脚也都很美。手指柔软而纤细，胖瘦适度，目光中透着灵气，举止高雅，皮肤嫩白如雪。尤其是床上功夫好，知情者有口皆碑，令男人神魂颠倒。她有酒量，歌声悦耳，擅长弹琴，特别是三味线弹得最好。在酒席上她应对自如，情书写得优美有格调，并且善于写长篇书信。不对客人索要财物，同时慷慨大方，以情动人，交往技巧娴熟，若问此人是谁？五个人异口同声地说："除了夕雾之外，全日本再也没有第二个了，非她莫属呀！"他们相互谈了得到她眷顾的感受：当客人为情所困想不开的时候，她会开导并疏远他；当得知有关她的议论时，她能使客人充分理解；对于那些为恋情而昏头昏脑的人，她会晓之以理，此后不再与他来往。对于必须顾忌自己身份的人，她就让他们明白家中的妻子是多么痛恨这种事。连鱼铺的常兵卫，她也允许他攥攥她的手；对蔬菜店的五郎八，她也能说上几句温存话，使他感到开心。她从不冷落人，有一颗真诚的心。——五个人起初还是高谈阔论，

说着说着，声音就低了下去，无不热泪盈眶。(《好色一代男·卷六》，三十七岁时)

　　夕雾的美丽、夕雾的多才多艺、夕雾的用心周到，在这里都得到了充分的赞美。她的真正的特点究竟在什么地方呢？注意一下就会发现，她的特点就是清醒的理智，对于人的非同一般的理解，因而像夕雾这样的游女无疑能够达到这样全盛的状态。那么她的心——求爱之心是寄托在何处的呢？世之介享受的所谓"恋爱的捷径"中是没有什么捷径的，近松笔下的喜爱空想的夕雾不知是不是受到了《好色一代男》中具有清醒理智的夕雾的影响，但她的内心是干涸的，所以才不得不去死吧。无论怎样"从不冷落人，有一颗真诚的心"，无论怎样努力做到这一点，作为"女人"所不可缺少的却是与此不同的"恋爱的真诚"，但是她既然生在了这个世界上，无论如何都不可能以那种彻底的"真诚"去生活的。我说这些话即便对夕雾有所贬低，但也不是来苛责西鹤。在此，我们要注意到，只要游女对"行业规矩"不是故意去反抗，那就不可能去改变那个虚伪矫饰的世界，这也是游里的根本的规矩法则。

游里中的胜利者

1

一、倾城町[1]以外一律不得卖淫;倾城町范围以外的相关人等,无论从何方来者,必须遣往倾城町。

二、嫖客的逗留时间,不得超过一天一夜。

三、倾城女郎的衣物,一律不得有金银装饰,可使用各地染坊的衣料。

四、倾城町建筑不可追求华美,街道设计等应参考江户城之格式。

五、武士不可打扮成町人模样出入妓院区,如有在彼处流连徘徊者,将盘查其住址,可疑人员将扭送官府。

以上各条,务请严格遵守。

---

[1] 倾城町:游廊的别称。

根据写本《洞房语园》的天明年间增改本，以上五条是元和三年（1617年）三月，庄司[1]甚右卫门在批准吉原妓院区开工建设时下达的"指令"，可以说它反映了德川新政府关于卖淫业的基本政策。京都的岛原和大阪的新町，上溯到其前身柳町或瓢箪町，那都是江户时代之前就有的，现在对它们重新加以整改的时候，是必须遵循上述的吉原妓院区的五条基本要求的。德川幕府的政策，在一切方面都不是"理想主义"的，因而对于卖淫的必要性也不加否认，而是将其危害限定在最小程度。限制的方法，就是以公娼代替私娼，将相关人员限定在特定的妓院区内，而且对妓院区的奢侈和放纵行为加以预防，就可以将游廓仅仅限定于卖淫，防止此行业容易产生的富丽堂皇的趣味风尚影响于一般社会，因而对于游廓而言，"建筑不可追求华美"，不能以美轮美奂、灯红酒绿来招惹游客，而只是满足于卖淫的实用即可。从事这个行业的倾城女郎们，也不能穿着金银装饰的衣服，只能是一般的花色衣料。而出入那里的游客也以一天一夜为限，不可长时间在那里逗留。假如这样的"指令"在现实中能够被执行的话，那么吉原、岛原、新町等处，就与板桥、品川、三岛无异了。居于最高位的太夫们，就与那些街头流莺没有区别了。然而事实并非如此，这一点我们可以从《色道大镜》和井原西鹤的"浮世草子"中清楚地看出来。那里不仅是在外在的形式方面突破了禁令，而

---

[1] 庄司：又称庄官，受诸侯委派管理、经营庄园、领地的人。

且也与卖淫仅仅限于卖淫这一初衷形成了矛盾，带有美和自由的恋爱"理想"在那里结晶了，正如司汤达在《论爱情》中所说的，卖淫这种事，仿佛是落入萨尔茨堡盐坑中的枯枝很快就变魔术般的结晶化一样。[1] 果然，鸡孵出了小鸭，在本是丑恶黑暗的地域中却意想不到地出现了极乐世界。这种出人意料的情况对人们形成了一种蛊惑和引诱，这是历来相信政令万能的政客们不得不面对的一种"意外"。更具有讽刺意味的是，他们采取的公娼政策本身，却是造成这种结果的最根本的原因。

写本《洞房语园》是庄司甚右卫门六世在享保五年（1720年）写成的。根据书中的一节记载，当庆长年间[2]有人提出设立新的游廊的时候，他身边的人是有争议的。提出异议的人冈田九郎兵卫原本是一家游廊老板，此人随着吉原的建成而移居于江户。宽永初年雇有游女二十余人，后将房产家业都交给了一位管家，自己隐居于京都，可见是一个富有变化的人。冈田九郎兵卫的看法是："若官府允许开办妓院，那就等于鼓励人们前往妓院区游玩，如此，世间的放荡风气就会蔓延开来，有害无益。"相反，甚右卫门的看法是"现时江户是全国最为繁昌之地，假如没有妓院街，随着岁月推移，各地的游女会汇聚而来，使原有的本地的游女衰微，而新来者得以横行猖獗。随着游女的数量增多，放荡风气会

---

[1] 19世纪法国作家司汤达在《论爱情》一书中举出的一个例子，说是在靠近德国边境的一个废弃的盐坑里，冬季飘落下去的树枝枯叶，过两三个月后就会成为发光的结晶体，这是"结晶作用"使然，认为情爱就具有这种"结晶作用"，可以使对方产生美的质变。
[2] 庆长年间：1596—1615年间。

蔓延，虽有规矩法度，恐怕也难以有效遏制之，纷至沓来，不可或止……不如权且划出一个游廊街，在此范围之外禁止此类活动，对世间普通人而言，未尝不是好事。"这种看法得到了大家的赞同，于是官府采纳了甚右卫门的意见，并予以许可。

九郎兵卫的观点含有无可争议的道理。与此相反的甚右卫门则是公娼设置论的代表，可以说今天的公娼设置论者也不过是步甚右卫门的后尘而已。这种观点并没有充分考虑公娼设置在道义上的问题，还有由此引发的对放荡行为的怂恿。诚然，不设置公娼，对私娼又无法取缔，那就会使得"各地的游女会汇聚而来……随着游女的数量增多，放荡风气会蔓延"，然而取缔私娼也得有多种办法。私娼之所以是私娼，那是因为她们完全是在暗处行事的，她们极尽放荡之能事，但也只能是在马路边上进行，她们不会成为一种明确的社会势力，也不能成为一种文化势力。而当她们作为一种公开场所被认可的时候，卖淫和放荡就获得了一定的道义约束和社会权利。虽然难以进行数字上的统计，但在本质上确实具有怂恿放荡行为的一面，这也是不争的事实。特别是江户时代，游廊与游女的关系事实上是雇主与雇佣者、资本家与劳动者、有温情或没有温情的榨取者和被榨取的奴隶之间的关系。在这样的情况下，随着公娼制度的合法化，游廊的有组织的宣传——包括"倾城歌舞伎""倾城道中"以及后来的灯笼、夜樱、滑稽短闹剧之类的活动都随之而来，这一点是显而易见的道理。吸引当时的游客的气派的建筑与华丽的服装，是游廊作为一种社会单位而自我保持的一种必要条件。法令并不具备那种遏制它生存的威力。既然官方允许设立公娼，那么，所谓"妓院区建筑不可追求华美"，或者"倾城女郎的衣物一律使用各地染坊的衣料"之类的严格要求，在执行中可以说是不能不打折扣的。因而在元和、宽永之后的江户，像后来的伏见和奈良等地那样的游廓就没有存在的余地了。

无论如何，箭已经射出去了。而且当局不仅许可，还在那里发展了自己的势力。在过去的吉原时代，在江户城豪华的"山王、神田两所御祭礼"上大出风头的，便是吉原的官差。吉原方面也不放过利用官员出席大做宣传的机会。"去爱宕，从小舞女中挑选出俊俏者加以打扮，使之更为抢眼。"不过，吉原区的管理者要做的不只是日常事务，"对于大扫除，更换铺席等事都是要出人力的"，这是官府对新旧吉原都应尽到的义务。"宽永十六年卯九月，一名门小姐出嫁尾州上轿子的时候"，上百人的小工被派到吉原町张罗。特别引人注目的是，"吉原妓院区开工建设时直到宽永年中，吉原街有一项义务，就是要向'御评定所'派送三位'太夫'级的游女，前往服务"。根据道恕的父亲良铁的解释，那样做的理由"虽然很难说清，但据我的看法，官府每天公务繁多，各方申诉及裁判不断，与常人不同，官员一年到头闲暇很少，把游女叫来并不是为了观赏其美艳。游女原本是所谓'白拍子'[1]，在'御评定所'节庆期间，把白拍子等人招来，办完公

---

[1] 白拍子：平安时代末期至镰仓时代流行的一种歌舞，也指演唱此种歌舞的妓女。

事之后，令其唱上一曲，以收慰藉解乏之效"。当局对吉原暗中支持，吉原也因此而强化了自己在社会上的存在，这是不言而喻的。就这样，"历史"胜过了"法令"，官许的游廓区形成了一种社会势力，并有条件实现其历史意志，产生出一种特殊的文化。官府作为法令的代表者，却因此而成了妓院街的手足。

诚然，游女与上层社会形成特殊关系，并不是从江户时代开始的，中古时代的白拍子和桃山时代的游女是其先驱者。但是到了江户时代，由于承平日久，诸侯和士人"为了观赏其美艳"而出入花街柳巷者渐渐地增多起来了，而且越陷越深，这是不争的事实。从旧吉原到新吉原，游客特别是那些招"太夫"的人都属于哪个阶层呢？这还是一个需要研究的问题，但大体上可以说，越是在初期，士人的比例越大，这是可以想象的。从历代关于高尾的信息中可以得到一些相关材料。

高尾的问题，是游女研究者的迷宫。关于高尾的世代身份以及相关的传记，简直是众说纷纭，令人无所适从。这当中，有原武太夫的《高尾七代之事》记录了相关的旧日传说，作为较为晚近的考证性著作，则有京传、京山两兄弟的《近世奇迹考》以及《高尾考》，还有种彦的《高尾年代记》都较有参考价值。京传和种彦的考证一长一短，而以种彦的考证较为精细。现根据京传兄弟的考证，三浦的高尾共有十一代，初代高尾生活在旧吉原世代，第二代高尾去世于万治二年（1659年）十二月五日（见《高屏风管物语》）。另外第三代高尾生活在宽文、延宝年间（《袖镜》

《镇石》),第四代高尾在元禄五六年间离开游廓(见《幕揃》《草摺引》),第五代高尾于元禄十二年离开游廓,第六代于宝永六七年前后离开妓院(见《大黑舞》《大鉴》),第七代不详,第八代于正德四年离开游廓(见《亦逢染》《丸镜》),第九代于正德五年进入游廓(见《丸镜》),第十代于享保十三四年间离开游廓(见《细见图》《两巴卮言》),第十一代于享保十九年十月九日进入游廓(见《全盛镜》《志家位名见》),于宽保元年六月四日离开游廓(见《高尾赎身证文》)。如果再加上从三浦屋入赘到玉屋家之后的宝历年间的高尾的话,三浦屋系统中的高尾一共就有十二代。其中,离开游廓后完全销声匿迹的有五人,剩下的七人都被原武太夫写入题为《高尾七代之事》的书中。在这七代高尾中,玉屋的高尾不成问题。三浦屋高尾的六人当中,据说有半数都落户于诸侯,这是颇为值得注意的。而高尾万治[1]被仙台侯赎身后又被斩杀这一传说实际上是不可靠的,这一点可以从京山的《高尾考》中得到证明。从仙台侯角度来看,他所看重的游女无论是高尾还是薄云还是薰,或者是其他的太夫,无非都是他在花街柳巷恣意享乐的对象而已。

其次是原武太夫所说的为第四代高尾赎身的那位"三万石浅野壹岐守"到底是什么人呢?从浅野一家的家谱当中找不到"壹

---

[1] 高尾万治:又称盐原高尾,江户时代的名妓(太夫),据说,她曾被仙台侯伊达纲宗看中,并以与她体重相等的黄金为其赎身娶为妾,但此前高尾已经有了意中人,坚拒不从,伊达纲宗恼羞成怒,将高尾断指后刀割而死。

岐守"这个人，我只是在池田家的家谱中发现了一个名叫"池田壹岐守仲澄"的人，他于宽文五年叙任，元禄十六年致仕，享保七年七十三岁时去世，俸禄三万石。大田南亩等人所著的《高尾考》引用了元禄七年版《吉原草摺引》中的一节，根据京传编排的家谱，认为第四代高尾很可能落籍于诸侯家，这恐怕是不难想象的。……被诸侯赎身的最为明确可靠的例子就是被"十五万石榊原式部大辅"赎身的第六代高尾（按京传的说法属十一代），而根据《过眼录》的说法，被赎身的不是高尾而是薄云，不过对我们来说，到底是哪位游女并不是重要的问题。事实是，高尾被赎身的宽保元年十月十三日，因"此事非同小可，但也司空见惯"，故而当年二十九岁的榊原政岑从姬路被召回，挨了一顿训斥。《藩翰谱续编》中明确记载，同年十一月他的儿子政永被移封于高田。这期间的事情由《过眼录》加以补充，在时间上已经超出了享保时期。由此我们可以想象，这段时期那些贵族大亨在游廓中拥有怎样的势力。游廓内的组织本身是贵族式的、等级森严的，这一点虽然只通过一件事无法得到全面的解释，但我们必须记住：无论如何，游廓设立的初衷都不是为町人提供服务，游廓这个机构是当时的统治阶级为了自己的需要而设立的，结果却不得不拱手让给了町人。

2

在士人和町人这两个阶层中，哪个阶层对游廊的贵族化要求更迫切呢？当然两方面明显都有这样的要求，但比起士人来，町人在这方面的要求更为迫切。我想这是理所当然的事情。士人因日常生活中的习惯偶尔来寻花问柳，但他必须放下自己的身段，并会为此而感到苦恼。在这个意义上，他们要求自己所去的游廊必须是贵族化的。然而另一方面，为了舒缓官场和家庭生活中的枯燥和压力，享受一下自由自在的生活，他们又不把游廊的贵族主义看作是必须的。游廊中所通行的是与贵族的教养及习惯有所不同的东西，要通过这个"约束之门"，对他们而言并不是一件容易的事情。他们带着权力者的派头迈进这个大门后，却并不一定行得那么顺畅，由此可以明白，他们中的许多人为什么被视为粗野者或蛮横者了。

本来，脱离等级上的贵族身份，变成游廊中的"贵族"并成为游廊中的"通人"，才是游廊中的贵族主义趣味之所在。这就需要将自己从专断的主人的寂寞中解脱出来，从围绕在自己身边的奴仆中挣脱出来，而获得一种自由；需要从点头哈腰相迎送、何事都唯命是听的女人堆中摆脱出来，而轻松地从事人与人之间的交际。或者进而言之，是在太夫的温柔的支配下，投入其怀抱中而获得一种温馨感。从这一点上说，他的贵族趣味是在一种新的场合中变形后的复活，与他依偎的人必须是能够满足其趣味的

"色气"女王。因而，他的身为贵族的意志若不在此处满足，便不能在别处得到满足，这与他在其他场合下的贵族身份大异其趣。在这里，身为贵族不是他的憧憬，而是一种事实。因为他要从死板的贵族身份中挣脱出来，寻求一时的自由。

町人逛游廓当然也是寻求解脱的。从拨打算盘、只想赚钱的枯燥生活中解脱出来，抱着"借钱也在所不惜"的达观，从一个似乎人人认可、不水性杨花也不可能水性杨花的、老实而又实用的老婆的汗臭中解脱出来。一个只懂得料理家务事的主妇，与一个专门琢磨如何吸引男性的游女，两种女人实际上从两个方面满足了男人的需求，这真是江户时代女性的不幸。恋爱与老婆被看成是风马牛不相及的两回事，在这一点上淡化了他们对老婆的责任感。男人"看见老婆就像见到了猿猴""一寸之前就是黑暗，性命消融露水间，明天如何不得知，劝诱朋友快游玩"（《东海道名胜记》），于是"鸳鸯衿下寻连理"，便向日本桥对面和三谷奥[1]奔去。

不过，町人在那里寻求的不只是解脱，还有他们的向上的意志、对贵族生活的憧憬，并且在游廓里发现了入口。町人无论在社会上实力有多大，但政治上和法律上却没有任何能够保障的权利，在统治阶层随时都有可能砍来的屠刀之下，他们能够发泄自己的郁闷，能够寻找到温柔乡的地方，就只有吉原那块"社会外

---

[1] 日本桥、三谷奥：均为江户城中的地名。

的社会"了。至少他们在那里可以自由自在地伸开手足,感觉自己似乎是个贵族。因而,把游廓当作贵族的领地而趋之若鹜的,与其说是士人,不如说是那些富有的町人。这种心理他们自身恐怕也没有自觉地意识到,但从局外人的眼光看来,是颇为悲壮的,并且值得同情的。从丈夫接受妻子的教育感化这个意义上,他们从游廓中的贵族式的"小姐"那里受到了富有人情味的教养和品格的熏陶,"总之,没有通过小姐们的熏陶,自己就不能提高品位。"(《邻居疝气》)可以说,在江户时代,游女是一个种类的社会教育家。

那么,在士人和町人中,哪个阶层更有资格成为游廓中的胜利者呢?柳泽淇园在《独寝》中写道:

武士贵人与町人,游玩的方式不同判若雪墨。女郎方面多喜欢与町人结交而不喜欢武士贵人,这样说绝不是信口开河,而是有原因的。第一,武士贵人往往不能尽情开心地玩,四时来的,早晨七时便要回去,显得匆匆忙忙。不能陪女郎待一整夜,而且说话也令人腻烦,男管家也是"现在几点啦,现在几点啦"地不断询问,令人讨厌。或者有些武士贵人来这里也能优哉游哉地玩,但是多数显得粗鲁。女郎跟他们在一起不像和町人那样心安。如此等等。(《独寝》上卷四十五)

这段话就是享保年间,作为武士贵人之一员的柳泽淇园对町人的称赞。一个名叫酒井抱一的贵族说过这样的话:"世间所尊崇的是团十郎和春天的早晨。"这句话值得注意,它与上述《独寝》中的话一样是对河原从业者的称赞。的确,武士贵人"粗鲁"的表现,换言之,将外面的武断的贵族主义原样不动地拿到游廊里来,就使得他们在"游廊的贵族"方面大大地劣于町人。不过,这只是问题的一个方面。町人在这里能够取得胜利的最重要的理由,就是金钱,这是妓院式资本主义的根基,在这一点上,统治阶层却渐渐地处于劣势,町人渐渐地占据了优势。

正如淇园所说:"诚实与金钱是两回事。"只有诚实是不能成为游廊贵族的。有诚实而没有金钱,就像徘徊在妓院之外"手里拿着锅"的人,必然受到冷落。在这个意义上,游廊是妓院贵族的"condition sine qua non"(必然的制约条件),金钱可以让太夫保持她们的品格,金钱也能保持町人在游廊内的品格。那些有名的大贵族之所以能在游廊呼风唤雨,是因为"千两一箱的金银堆积如山"地放在那里,无人能及。

比起普通的诸侯大名来,那些随着经济的变动而暴富的人,处于远为有利的位置。在耀眼夺目的名妓背后,都有这些町人的财力支撑。町人富豪在元禄年间之前固然也有不少,但在元禄到宝永年间[1],京都大阪地区的淀屋、江户的纪文奈良茂等,压倒了上一代的仙台大佬,而名震天下。这一变化所显示的时世推移

---

[1] 元禄到宝永年间:1688—1711年间。

是值得注意的。这种情形到了享保年间依然如此。享保十一年三月二十九日，二十五岁那年的中万字屋玉菊（参见山东京传《近世奇迹考》卷五、山崎美成《游女玉菊传》、佚名的《游女玉菊考》、冈野知十的《玉菊及其三弦》等）患病而死。据记载，她在病中对四花患门[1]进行针灸，"玉菊针灸的时候，请半太夫河东两人轮番弹唱净琉璃曲。将此事用书信形式通知相关人士，写明具体日期。那时家中的女郎也全部出动服务，一人不闲。来听净琉璃的人，一律享受酒茶饭菜的招待，真是不分贵贱，热闹非凡，难以尽述"（见《江户节根元记》）。妓院中要有如此大的排场、铺张，肯定需要大量的金钱支持。《江户真砂六十帖》所载小奈良茂的传记可能有误，但其中的一句话——"到吉原中万字屋玉菊去喝大酒，玉菊在酒宴期间病情加重，茂左卫门尽情尽力给予疗救，但终无回天之力"，从时间上看这一记载是与事实相吻合的。若把《大尽舞》中所歌唱的奈良茂为浦里赎身的事，看作是前代奈良茂之所为，与这一记载也不矛盾。

无论如何，我们都可以从这些历史逸事的记述中，去想象町人富豪与名妓有着怎样的关系。然而，从宽保元年的榊原高尾事件之后，有钱的诸侯或者士人在游廓中就看不到了。这也许是我的孤陋寡闻，但联系到时代大势的推移，我的这种观察似乎没有大错。关于享保以后游廓与士人之间的关系，能够引起我们注意

---

[1] 四花患门：穴位名称，在腰部，又叫"三火关门"。

的，就是享受四千石俸禄的旗本藤枝外记和游女绫衣的情死（天明五年）之类的事件了。尾崎久弥的《江户软派杂考》（第443页）中记载了《明和杂录》中的这样一段话："武州金泽、米仓丹后守殿知行一万二千石。丹后守殿在江户吉原土手与妓女情死……管家二人引咎切腹。"这就表明有人为了恋爱对游廓方面造成损害了，也显示了士人在游廓中的势力消长，这与前期为太夫赎身的行为相比，其意义就不可同日而语。随着河水湍急，领主和旗本都被卷进河水中，如同"无钱无势"的一介平民色男那样溺水而亡，这一事实更清楚地表明了游廓中町人的胜利与武士的败北。

然而町人的胜利并不只是意味着富裕的町人的胜利。对于游廓中的等级森严的贵族体制而言，多数人的要求必然导致这种等级体制的崩溃。这一方面表现为太夫的减少乃至绝迹，另一方面伴随着太夫之外的新势力的出现，造成了太夫权威与势力的失坠。在享保年间之前，这种情况还不太显著，但我们可以看到在那个时候就已经有了此类苗头。

据宽永二十年刊行对吉原加以细致记述的《吾妻物语》一书的记载，在当时吉原的游女中，"太夫七十五人，格子女郎[1]三十一人，端女郎八百八十一人，总计九百八十七人"。与此形成对比的是，在后来的新吉原，太夫大约不超过二十人。这也

---

[1] 格子女郎：吉原街的妓院中次于太夫的第二等级的妓女。当时庄司甚右卫门在吉原开设妓院的时候，将游女划分为"太夫、格子、端"三个等级。

许是严格筛选的结果，由此可见当时的游廊是与平民化格格不入的。如果《元禄太平记》（元禄十五年刊）中的记述是可靠的话，当时的太夫更锐减为四人，而格子女郎则是八十六人，散茶[1]五百零一人，梅茶[2]二百八十人，五寸局[3]四百三十人，三寸局[4]六十三人，五寸局、三寸局合起来约五百人。其他人等加起来，大约"近两千人"。根据享保初年或者此前的更详细的片段记录（《守贞漫稿》），当时有太夫七人，格子八十三人，散茶一千二百六十四人，梅茶四百四十人，五寸局十九人，三寸局二百六十七人。据同书享保十九年记载，有太夫四人，格子六十五人，散茶二人，新"座敷持[5]"二百九十人，"昼夜新"二十二人，"座敷持"一百二十五人，部屋持[6]三百一十八人。享保之后，太夫的影子随着三浦屋的家运衰落而变得更为稀少了。在榊原高尾离去之后，只剩玉菊等一两个有名的太夫。在宝历年间的花紫与高尾之后，就只有散茶女郎一统天下了。从宝历初年到享保末年仅仅只有十六年的时间，从以上游女的等级构成变化来看，无论在哪个时期，吉原都不单单是太夫的世界，在一般情况下，需求最多的游女等级，人数也就最多。到了享保以后，太

---

[1] 散茶：又叫散茶女郎，次于格子女郎的第三等级，宽文年间使用此名称。
[2] 梅茶：又叫梅茶女郎，低于散茶女郎的游女等级，贞享、元禄年间使用此名称。
[3] 五寸局：一夜划分为三个时间段侍奉客人，每个时间段嫖资五两银子，故称。
[4] 三寸局：一夜划分为三个时间段侍奉客人，每个时间段嫖资三两银子，故称。
[5] 座敷持：有专用的带铺席房间的游女。
[6] 部屋持：有专用房间的游女，较"座敷持"低下。

夫便没有存在的余地了，这足以证明游廓中的贵族主义的支柱已经被腐蚀。当然，此后"散茶"被推上了上位，以"昼三"等为中心，游廓的等级制度在某种意义上呈现出更复杂的状况。但从游客的需求方面来看，不可忽略的就是逐渐呈现出了一种平民主义倾向，多数战胜了少数。

在考察太夫的兴衰消长过程的时候，我们可以从为数众多的"逸话"和"评判记"中，想象江户初期她们是怎样受到人们的追捧。她们让男人们匍匐在脚下，这对于日本女性而言，可以说是所享受到的难得的一种待遇吧。当然，这背后也有人投之以鄙夷的目光，但崇拜她们的男人们并不在乎这些，仍然是追慕并爱恋之。特别引人注目的是那些身份低下的男人拼出命来追求她们的感人故事。在旧吉原刚开办的时候，从京都大阪地区转移到江户来游女中，有一个卖油郎对在三岛留宿时认识的佐渡岛正吉一见钟情，为了结识她而把珍藏的二两黄金拿出来，终于如愿以偿，为了表达对"正吉妹"的感谢、感恩之情，第二天他就推着车到江户去，此后的三年间他一直在江户城为正吉拉车抬轿，这就是《卖油的平太郎的故事》(参见《漫物语》)；宽永年间，一个锻刀铺学徒恋慕吉野太夫，在预约上太夫的第二天，由于过分高兴而跳入桂川自杀身亡(参见《吉野传》)。接下来，近松在享保三年创作的剧本《寿之门松》的开头，藤屋吾妻唱道："在情之道上，睁大眼睛，聚精会神地寻找爱恋"，作为老母，她真心希望爱子难与平能够"得到太夫的青睐"。这一描写很有意思，很难说这是不顾当时风俗人情的向壁虚构。

那时太夫会见大财主嫖客时的场景,即便在比不上江户的京都大阪地区,也是颇为可观的:"从门口传来喊声,'太夫小姐驾到!'话音刚落,太夫以两支手持的烛台为先导,静静地登上楼梯,坐在了上座的正中间。左侧坐着同一家女郎十一人,她们是特意来送太夫的;右侧从太夫身后直到末坐共有围女郎十七人,均身穿红色衣裳并排而坐。在太夫面前有引路女郎和用人听候盼咐。"(《好色一代男》卷八)这里描写的是岛原的太夫吉崎首次正式接客时的盛大场景。"太夫小姐"那种高高居于嫖客之上的派头(这种派头一直延续到后来,例如在享和四年出版的歌麿画《青楼年终行事》中的初会图中也有所表现)是完全可以想象的。

然而,即便是在太夫全盛时期,威胁着这种全盛态势的因素也在潜滋暗长。一个是在正统的太夫之外,新的势力已经开始抬头,并暗暗地威胁着太夫的权威。另一个是太夫自身由于种种原因也在使自己的权威失落。以江户而论,最明显的因素是明历和宽文年间,市内的汤女[1]及其他的卖淫女从市内被驱赶出来,并且流入了游廓内。原本是自食其力的私娼,却侵入了受官方特许的公娼馆的时候,作为一种别样的新生势力而存就是自然而然的事情了。特别是丹前澡堂[2]开办以来,像胜山那样的名妓仿佛从天而降,土生土长的吉原当地人势必会感到一种压力。虽然这

---

[1] 汤女:江户时代在澡堂为客人搓澡并提供性服务的妓女。
[2] 丹前澡堂:江户时代初期开办的一家澡堂,因有大量汤女而繁盛一时。

样的事情并没有直接威胁到太夫的地位，但至少表明太夫有可能会被取而代之，因而对太夫无疑是有间接影响的。

可以认为，宽文年间从外地流入的"澡堂屋"式的青楼，使得散茶女郎一时激增，对后来吉原街的命运产生了决定意义的影响。而且，格子女郎、局女郎当中的一些妓女也有了相应的传说与逸事，并不只是在散茶女郎涌入后才有的。今天我们从写本《洞房语园》中，可以看到宽文年前后有关格子女郎和局女郎的故事，其中包括：正保年间[1]因熟客之死感到人生无常而削发为尼的格子女郎佐香穗，用"一双玉手千人枕"这句汉诗来加以形容的常常沉默不语、眼泪汪汪的宽文年间的格子女郎千岁，延宝年间因唱近江节[2]而有名的格子女郎泉和稻叶，宽文十五年让宫本武藏把她自己的"红色小袖和服贴身穿上、身披黑色缎子短外褂"而从游廓直接奔赴战场的局女郎云井。可以想象，那些并非大财主的町人也能根据自己的身份在游廓中各自拥有自己的相好。正如佐香穗和千岁的传说故事所暗示的那样，在游女身上是不缺乏那种谦逊而又有无常感的真诚之心的。

关于京都大阪地区的情况，宽文、延宝时期的藤本箕山感慨地写道："事情是每况愈下了，倾国之威风已经不再。根据当时的新的行规，只要客人满意，女郎即便对客人不满意也不能不接待……从前倾城女郎受到追捧的时候，若有不如意而发脾气时，

---

[1] 正保年间：1645—1648年间。
[2] 近江节：在近江（古地名，今滋贺县）流行的一种曲调。

管家们都诚惶诚恐、恭敬从命，而今倾城需要讨好管家而低首下眉了。一切都今非昔比。原因不在倾城，不在管家，根本原因是嫖客的想法发生了变化，与过去大不相同，他们变得世故狡猾而又恶俗了。这岂不是很令人遗憾的事情吗？"这些不无主观感情色彩的话不免有些夸张，但还是有几分可听性的。无论如何，我们都可以从这些材料中看出倾城女郎当时的处境：既然是"服务者"，既然是"出卖色相者"，那就不论你是太夫还是别的，都必须无条件地顺从客人的要求。

以上所述太夫逐渐没落的倾向，在享保年间之前也可以找出相关的迹象来，但那只是预示其没落的模糊的征兆罢了，只是地下的潜流罢了。即便到了享保年之后，仍然有小奈良茂那样的大财主在游廓一掷千金、尽情玩乐，仍然出现了玉菊、九代和十一代高尾那样的名妓，特别是像九代高尾那样的"至高无上"的太夫，她所具有的可哀的、含有忧愁的美，是太夫没落之前的最后一道光辉……

柳泽淇园及其《独寝》

1

就在这一时期，柳泽淇园写了《独寝》。柳泽淇园是宝历八年九月五日，在五十三岁时去世的。他出生于宝永三年，二十一岁的时候，恰是江户的玉菊去世的那年，"二十五弦的琴一朝断弦，哭声伴琴音"（见《水调子》），那时玉菊灯笼挂满仲町，使盂兰盆节平添感伤气氛。《独寝》的大部分就是在那时写成的。该书序文写道：

二十一岁的那年夏天，我定居于大和国，在九条那个偏僻的地方，静静地坐在竹窗前，以写此书聊以自慰。

下卷第九十七《甲斐言叶》一节中写道：

我生下的那年家里就搬到了甲斐国，十四岁时又回到了江户老家。十六岁那年春天又去了甲斐，该年底再回江户。十八岁的那年年底到了甲州，次年去了大和。……记得我和母亲等家人住在甲斐的时候，时常遭猴子骚扰，很是害怕。

参照这些话，都可以清楚地判断出该书的写作时间。（除这些句子外，能够暗示该书写作年代的句子还有不少。）的确如作者所说："或在游里通宵达旦，周旋于群芳之间，或在雪晨雨暮，耳闻目见，在五尘六欲的世界中，接触虚虚实实各色人等，有时云山雾罩，有时诚实无伪。"对其间各种技能才艺具有广泛的兴趣与理解，虽然不免肤浅，但却抱有一种强烈的探求欲望和超越的审美态度。从这一方面来看，一个二十一岁的青年能写出这样的东西来，是令人惊叹的。特别是所谓"在游里通宵达旦，周旋于群芳之间"云云，看上去不免猥亵色情，但仔细观察其中所包含的精神意蕴，就可以发现它在江户时代的恋爱哲学（准确地说是"色道"）中，是占有独特位置的。"游山观水是学习者的兴致所在，无论何事，一言一行均有道法可寻"，这话表示了他自身的根本态度。我可以说，在江户时代无数的随笔作品中，在文学表现的深度与趣味上，《独寝》是独一无二的。这本书，至少是一个青年从自己的真心出发对人生所做的解释。

今宵独自面壁伏案，对砚提笔，回想起以前曾交往过的人。这时远处钟声敲起，屋檐下的铃铛丁零作响。听着铃声，心中浮想联翩，真没有比内心世界更复杂有趣的了。有憎恶、愤恨的人，也有后悔的事。笔的事、砚的事、书的事。如今想起江户的事情来，想起去桑名七里、去石山寺，那里有各种怪石。我还想起了宇治河上的雾，觉得源氏[1]想去情死是很可爱的。我还想起了以前曾嗅到的一种名叫桐的伽罗香。忽而想到东，忽而又想到西，这就是一人独居独寝的乐趣。飘动的云彩看上去像是一条龙，在那里自由翻舞。问小和尚那云彩像什么，回答说像是火燵[2]，确实过了一会儿不像龙了，而像火燵，继而又像扇子，或者像香烟的烟雾，最后便消失了。……月亮看上去很可疑的样子，仿佛一汪水。在悠闲的时候或者开心的时候所听到的钟声，特别叫人遐想。……想到这些事情的时候，不知不觉就睡着了，然后就是梦。人说日有所思夜有所梦，至少思念的人应该出现在梦中吧。但梦中的那个人不像是女人，梦见从高山悬崖上坠落下来，有时也梦见相恋的人，但对方却是一张并不高兴的脸，看那样子变幻不定，忽而又变成了一个男人，像是一个砚台盒盖。没有比梦境更变幻不测的了。

从这一段文字中，我们就可以推察《独寝》的作者写这部随笔时的内外两方面的生活。以小和尚为伴的独身生活，屋檐下的风铃、伏案面壁的孤独的内心世界。他所想到的，是笔、砚、书

---

[1] 源氏：似是妓女的名字，不是《源氏物语》中的源氏。
[2] 火燵：日式住宅取暖用的一种炉子。

籍、旅行，还有思念、憎恶、悔恨、可惜等错综复杂的人事交往。其中，先前嗅过的伽罗香，与倾城女郎情死的浪漫事件交叉在一起。或许在奈良的木辻还有他的相好，所以听到"远处钟声敲起"就为之心动。他也像哈姆雷特那样随心所欲地观察着变幻不定的云彩。这种随心所欲的状态没有字斟句酌的润色，而只是将自己的所思所想如实地记录下来，于是就有了这本《独寝》。

年轻时无色，就没有青春朝气；年老时无色，就会黯淡乖僻。世间所谓"色气"者，就是对所喜所爱的追求，并不单单是淫欲。士无色不招人眼，农无色不生嘉禾，工无色不显手巧，商无色没有人缘，天地间若无色，则昏天黑地、死气沉沉。故孟子有大王好色之辩。（《云萍杂志》）

人伦交往若不出自真心，仁忠慈孝柔和爱敬等，则不会出于真情。孝亲之心，为父母死而无憾之心，就是真诚，此外无他。此诚心出自男女恋慕。无恋慕之情者，不会对不仁之君尽忠，也不会对不慈之亲尽孝。远者有颜回"吾犹能"之语[1]；近者有右近《遗忘》之歌[2]。古歌有云："不恋爱，人心干涸，如何知物哀。"[3]（出处同上）

---

[1] 《论语·颜渊第十二》，颜渊曰："回虽不敏，请事斯语矣。"盖出典于此。
[2] 出典《拾遗集》卷四。
[3] 出典藤原俊成《长秋咏藻》。

以上两段，是柳泽淇园在晚年写下的更坦率、更带有教训性的话。色"并不单单是淫欲"，年轻人"无色"就没有生气，年老"无色"就黯淡乖僻。色就是"对所喜所爱的追求"，而且也不限于男女间的性欲。一个人男女间的欲望高了，甚至就会"对不仁之君尽忠，也会对不慈之亲尽孝"，这些都同样出自于真诚。在这个根本的意义上理解色恋，柳泽淇园在《独寝》和后来的《云萍杂志》中就完全对"色恋"不抱任何羞耻之心了。在《独寝》中，作者以青年人特有的元气，尽情地、无所顾忌地、彻底地阐述了色恋（当然主要是男女间的色恋）哲学。这是依托于儒教，以日本之心加以诠释，在江户时代的花街柳巷中孕育出来的色道观。作者以士人、学者和町人的教养，将最具象的性生活置于江户时代特殊的背景下加以综合表现。在这个意义上，《独寝》是标志江户时代色恋文学的最高峰的作品，这样说也绝不为过。我在上文对藤本箕山的"色道"进行考察的时候，是以解释"游女道"的《宽文式》那一部分为主要论题的。与此相对，《独寝》中的主要论题是"游客道"——就是从游客的立场所阐述的"游的哲学"。这两方面相互补充时，才能将江户时代的"游"的全景展现出来。藤本箕山对"游客道"的论述除《宽文格》和《情死部》的部分之外，都要求游客要有气度风范，其主要部分是由"好色之家的口头言语的功夫最重要""此道以知足为本"之类的感觉方面的细致要求构成的，他的"游的精神"是彻底的，同时又是比较浅显的。

而柳泽淇园的"好色"则是从女性的感官之美出发的。对于丑陋、对于不好的气味——作为"香道"[1]达人的他,将气味问题作为一个重要问题提出来,是理所当然而又很有趣的现象——还有不合意的女人,他都恶心欲吐。"儿子之心亲不知""听从父母之命而娶了财主家的女儿",这使他"早晨看到她的脸就想背过脸去,晚上看到她,心想此人有何可取之处?想着想着,便希望尽快往生吧,死了算了"(上卷之六)。而且面对"东坡先生所说的'三平二满',就是鼻子、额头、下颚一样平,两边眼睑发肿,整个是平板方脸"的妻子,他写道:"对这种情形,东坡先生尚且曾说过,此等虫子一样的丑人是如何长成的?何况让我整天面对这样的脸,那只有讨厌了。按说笑起来应该是美的,但是连她的笑也感到讨厌。奈何、奈何!"(上卷之九)于是只有摇头叹气了。"我所讨厌的是,脸大,没有鬓角,发际太浓密,鼻子太大,嘴唇太厚,肤色黑,发胖,个子太高或太矮,说话声高,手脚太大。大体如上。以前,看到在眉毛处涂黑的女人,一天都会呕吐好几次。脸一定要长得小一些,肤色一定要白皙,说话声音要温柔亲切,要又有一点天真烂漫、活泼率真。这样的女子比仙家的不老不死还要珍贵。"(上卷之六)

柳泽淇园真不愧是画家、诗人、三味线弹奏妙手、香道的

---

[1] 香道:有关焚香(烧香)的技艺。

名家，他深深地为女性美所陶醉。但他最欣赏的主要还是女人的眼鼻耳等五官。最初他对女人的欣赏更多地带有肉欲，但他后来却以肉欲满足为卑劣。关于他反复强调的"感到讨厌又讨厌"的事情，他这样写道："我最讨厌的事情，是本来娶了妻子，却瞒着妻子对下女、腰元[1]等上下其手，这是很恶劣的。你若是喜欢，就把人家公开地纳为妾就行了，把她安排一个地方住着，随时可去。世间很广阔，为什么要在妻子眼皮底下勾引下女、腰元呢？这岂不是太下作了吗？你喜欢这个腰元，就好好调教她，让她作妾，要在此之前就把她安排好。……有人认为恋爱就得偷偷摸摸地搞，越遮人耳目就越有趣，实在是愚蠢的看法。……"（下卷之一一三）这种观点在那个时代真是一种罕见的另类的洁癖。这一点从《燕石十种本》的注释中特别做的说明就可以见出："这种说法是此书的白璧微瑕……实际上各种各样的恋爱都各有趣味。作者写此书时只有二十一岁，到了三十岁他就不会再这样信口雌黄地说话了。"实际上只有这种洁癖，才使得柳泽淇园的"好色"在"色"通向"恋"的过程中架起一座桥梁。

话又说回来，又是什么原因使得洁癖的柳泽淇园到花街柳巷去寻求女性趣味的满足呢？他写道："花街柳巷，假名文字写作'亡八'（くつわ），意思是使所谓孝悌忠信礼仪之道全都灭'亡'掉。而实际上，花街柳巷中的游女，也有为了孝悌而卖身的，也

---

[1] 下女、腰元：均指女用人。

有常年尽心侍奉主人、对主人尽忠而使家业繁荣的,与有信义有情义的客人倾心相待、不抱二心。若不是不讲慈悲、不讲礼仪的地方,为什么还被称为'亡八'呢?实际上在谎言中、在风尘女子的内心里也是有人情在的。"后来柳泽淇园在《云萍杂志》中为游女做了这样的辩护。这位年轻的作者没有对其论点做过多论证,他只是将自己看到的一面写出来而已。在他看来,经过打磨和锤炼的、将五味加以协调融合而归于"平淡味"的、"无声无踪臻于最高境界"的女性,那是非"女郎样"[1]莫属的。"普通女子湿热太重,味道不好闻",身心都缺乏洗练,而且嫉妒心太重,死缠着男人,这种女子不合他的趣味。与此相反,"那些倾城女郎,正如谣曲中所唱的山女神那样,不知从哪里来,不知往哪里去,不知自己属于谁,只是从人贩子手里被卖到这里,把山间野合之子打磨成为花枝招展的艳丽女人……有普通女子也有女郎,然而有了女郎,普通女子就显得土气了,这两者是不可同日而语的。女郎是被打磨而成的美的化身"(下卷之一一三)。

不仅如此,出生时的家贫、颠沛流离的"待客"的辛苦、内心对喜爱的男人的忠诚,都使她们的心灵得以锤炼,而使其成为"女道的人参"。"太夫具备了仁义,她们将辛酸咸苦涩五味调和在一起,故而成其为太夫。据说人参是有辛甘四味的,是养神的妙药,而在女道中,太夫就是人参……《茅亭客语》那本书记

---

[1] 女郎样:原文"女郎樣",即游女,"样"是日语中表示尊敬称谓的接尾词。

载说梨子是五脏的刀斧,但是至于普通女人对男人意味着什么却未作说明,这是令人遗憾的",这么说来,太夫就是普通女人的"天敌"。"反正普通女人总是咒骂游女是下贱货,有一句古话'比不上人家就骂人家',太夫对于普通女子而言,是钻之弥坚、仰之弥高、遥不可及的,所以就把她们视为仇敌并咒骂之。"(下卷之一一三)总之,在俘获男人的心方面,普通女子到底是比不上游女的。

像这样肆无忌惮的言论,不仅会引起现代女性的愤怒,对大多数现代男人来说,也是不可思议的吧。然而,我现在的任务不是站在现代男女的立场上与古人进行争论,我要做的,就是通过这些言论,来理解当时的人对游廓的看法与观念。从这个角度看,这些话为我们提供了洞察历史的材料:它可以帮助我们理解为什么当时有本事的男人不能从普通女性那里得到满足。游女这类女性到了享保时代具备了怎样的色道修养?这些事情与当时的社会伦理相结合,如何使游廓被半公开地得以认可?再更进一步客观地追问:我们的时代果真与《独寝》所反映的时代绝缘了吗?这些都是大有探究之余地的。

《独寝》在哲学上的深度表现是对游女的赞美。作者写道:"在所有嫖客中,有两种人,一是陷进去的'通人',二是精通色道而又不轻浮的人。这两者看似没有什么不同,实则大有不同。"较之"陷进去的通人",柳泽淇园更倾向于"精通色道而又不轻浮的人"。在他看来,男人恋慕游女,比起恋慕普通女子更为执拗。

而且，他对恋慕游女的男人所具有的"诚"大加赞美："从前恋慕吉野太夫的男人，听说吉野被人赎身了，一天当中有三个人发了疯，可见在色道上也是有'诚'在的。对于普通女子的喜爱，随着时间推移是依次减弱，而对于游女的思恋，却是越来越重。"要问这是为什么呢？柳泽淇园自问道："普通女子真实固然真实，而且应该有诚挚的真实，而女郎每天都被不同的人所买，恋情为什么会深呢？"这个发问意味深长。对此，他做出了回答，一言以蔽之就是："谎言中有真诚。"而追求这种谎言中的真诚就是一种乐趣。这就形成了柳泽淇园色道观的特色，就是关于谎言的哲学，这也是他的色道观的出发点。

这种谎言中的真诚不仅存在于花街柳巷。柳泽淇园在《云萍杂志》中记述了一件事，说他在江户的时候，与一位朋友相约成为刎颈之交。为了试验这位朋友的真诚，他向朋友借钱。最初是二十五两，到了年底又要借二十五两。这位朋友二话不说，就拿出钱来交给了他。此后，两人不再提借钱的事，关系也越来越好。但那时朋友因为意外灾祸一时需要很多的钱，其妻子想起了柳泽淇园借去的钱，就怨恨地说："过了七年了也不还，这简直是明抢暗夺啊！"朋友听了这话，对妻子厉声呵斥道："不要胡说！他绝没有欺我之心，是因为他缺钱没法还。我们是刎颈之交，你女人家知道什么？你要敢再提这事，我就休了你！"淇园听说了这件事，就托人传话说："我不是没有钱，可是却一直没还，实在抱歉！"朋友听到这话后，是这样回答的："因为对方不诚实就绝交，不算是知己好友。欺骗也好，不诚实也好，都不是当初就有的。世上根本没有人一开始就抱着欺人之心而交朋友，所以后来即便出现了欺骗和不诚实也应该原谅。不原谅就不是朋友。"淇园听了这话，把以前借的那些钱原封不动地还给了朋友，此后两人的交情更为深厚了。

柳泽淇园的这个试验是不是太过头了，那又另当别论。但他的朋友甘心容忍不诚实的那种宽阔心胸，令淇园与其为友而感到安心。淇园本人也是这种人，《独寝》中写道："主人要给管家增加俸禄赏赐，想起来的话就快给。只要觉得人家干得好，就快给他赏赐为好。为什么呢？假如赏赐还没给的时候发现他干了坏事，就会打消赏他的念头。打消了念头的话，人家之前干得好就白干了。人总是有善恶两面的，善事须快做，恶事须快戒。"（上卷之十）从这段话可以推想淇园的思想，也使我们想起了蒙田的散文中意思相近的一段话。但蒙田只是为了自己内心的平静，宁愿奴仆来欺瞒自己，而柳泽淇园则是相信人性，故而对别人的欺瞒安之若素，在伦理上也更为纯粹。

去花街柳巷游玩的人，都要有这种"诚"之心。"游女就是说谎的人"，去游廓玩乐"就是要换一副面孔"，没有这种思想准备的人，是不可能发现"游"的精神的。而且明知道是谎话却还要觉得有趣，在谎言的深处探究不变的人情，去发现游女的"诚"之心，即便她把"诚"之心奉献给了别人而没有献给自己，也不要生气，仍然要对她献出自己的诚之心，不失掉自己的诚实。这样具有人情味的人才是真正的"游"人。"一切的色道恋路,都要具备两种最根本的东西,那就是仿佛可以永远延续的可怜之心和可爱之情。"在夜深人静的时候讲述自己的身世,并为此而流泪,那就是仿佛可以永远延续的可爱之心。写下的山盟海誓的文字,虽然知道多半是谎话,但又想"或许也有真实之处"。走上"充满羁绊的恋路"之后,"总觉得太夫说的话都很难得,希望她所说的都是真的。明知再狡猾的狐狸总有一天会落入圈套而丧命,但就像落入热油锅中的老鼠是不可能逃出去的"。这样一来,无论是怎样的老手和"粹人","一旦陷入,那些妙法秘术全都不管用了,便走入了恋情的盲区。有智慧者,有先见之明者,都成为此道玩家"。

"那些从来都没做过傻事"的大财主,也悄悄地亲手给太夫写来情书,那些情书"可能被太夫和其他女郎作为笑料而互相传阅。有些满怀深情写的情书,太夫却不想弄清到底是哪个客人写的,便把它当成引火纸,化作黑夜中的一缕青烟了"。然而《独寝》的作者却并不因此认为太夫可恨,也不因此而嘲笑那些大财主。"有情可原啊,有情可原啊!作为人,怎能恨那种事情呢?有才学者,对色道的沉湎也就深。"(下卷之八十二)干蠢事换来的是快乐,内心深处的"诚"也有了生发的机会。

当这种"诚"深深地植于内心、对游女的爱心不为其他所动摇的时候,游客就要品尝失恋的痛苦,而且那个游女就是曾经以身相许的人。"不知是不是命中注定,自从与那位太夫相逢之后,对她一刻也不能忘怀。睡觉时会梦见她，平时她的面影就在眼前摇荡，已经完全陷于情网了。当她稍背过身去的时候，蓬松的鬓发遮住了可爱的眼睛，如何不令人销魂呢？我真想说：世上固然有不少女人，但有几个女人能称得上是美人呢？""想来，假如被女郎甩了，你无论如何坚强，恐怕都会陷于单相思吧。像那样的内心痛苦，对别人也不能倾诉，只有埋在心里。对别的女人连手也不想碰。不知色道恋路的人会说：这实在是傻之又傻。这样说的人对诗歌肯定是一窍不通。"（上卷之十二）只有了解情痴，才能懂得诗歌。"有一个人结识了名叫源氏的女郎。这个人陷得很深，平常将那女郎的画像贴在墙壁上，加以凝视欣赏……有一个名叫石南的帮闲曾说：源氏跟人家情死了，还有什么可爱的呢？我回答说：她过去可爱。"（上卷之十）"她过去可爱"真是一句很美的话，以此对日本式的维特寄予了满腔的同情，这也是柳泽淇园作为"通人"的优异之处。

与失恋状态相反，就是从游女的谎话中探出其"诚"，并把她握在掌中。觉得幸福的话就为她赎身，不幸福的话就去情死。上述的源氏与一个已有家室的三十岁的男人一起情死的事件，就是在柳泽淇园动手写作《独寝》的那年秋天发生的。淇园对这个情死事件所做的评论也值得我们倾听。他不赞同世间那些轻薄的批评，他认为他们的情死中包含着"诚"。他写道："口口声声说游女是水性杨花，但人家连命都舍弃了，还有比这更难得的吗？如果你不是那位女郎的老板，如果你不知道源氏的身世，你就没有资格说三道四。"（上卷之四十三）原来，源氏和敦贺屋早在敦贺屋娶妻成家之前就认识了，两人已经相约今后结为夫妻。但是男方对父母之命的婚配难以拒绝，就想婚后找机会离婚，然后再娶源氏，于是仍与源氏保持交往。然而，却是"狂风摧花，浓云蔽月，一意孤行，意气用事，以命相从，如今是双双化作了尘土"。对此，柳泽淇园认为，"敦贺屋的内心是十分可爱的，结局是令人同情的"，因为他具有《云萍杂志》中所说的"随时准备去死的心"，也就是"诚"。"有了死之心，男人就不会再在乎性命，女人也不再留恋今世，双方就想到一块儿了"，这也就是一个"信"字。

在淇园看来，敦贺屋身上也有缺点，就是由于他的糊涂和软弱，他没有将自己的"信"一以贯之地坚持下来。他听从父母之命娶妻成家固然是迫不得已，但是他应该跟妻子讲明心里话，对妻子"哪怕是睡在一张床上，也不能动她一个指头"，不触及妻子而心里只有源氏，这才是他应该采取的做法。这样，他不久就可以与妻子离婚，而尽早娶源氏。然而遗憾的是他却与妻子生下了两个子女，这样就"失去了信义"，结果导致悲剧结局（下卷之一一三）。柳泽淇园的这些议论实在是一种幼稚的理想主义，但由此我们也看到，他的"游客之道"终于超出了"游"的范围，而与生死攸关的信义问题联系在一起了。"说不管见了哪个男人都很珍视他，这是假话。女郎内心是有一定之规的，多年交往，情思弥笃，珍视感情，岂不是踏上了恋路吗？一旦有山盟海誓，就不怕身首异处，这才是最重要的。"所以淇园对于一旦与情人约定见面便在桥下等待，宁肯被洪水淹没，也绝不食言的尾生[1]，表示了高度赞美。"看看这个故事，想想尾生的样子，人没有这样的痴情是不行的。"（上卷之十二）通人之所以为"通"，就是因为有这样的一根筋、死心眼儿。

但是，色道原本不是让人去死的。所谓"与源氏相好，白头偕老"这样的情况才是最好的，故而与游女恋爱而受到挫折者是极少数。这里有两派做法，一派是在游廊之外寻求恋爱实现之地，另一派是在游廊内超越游戏的态度，以恋爱之"诚"相处之，其结果仍然是"游"。淇园本人似乎属于后一派。他是否像他的友人所预言的，"三十岁后喜欢普通女子"呢？或者将喜爱的太夫赎身并纳为妾？实际情况我们不得而知，但他的妻子是在"缝缝补补方面最拿手"的普通女子，应该不是游女。从他"最欣赏妻子的缝纫活儿"来看，他是一位对妻子有感情的好丈夫（参见《云萍杂志》）。世上像这样的人并不少：他一面在外头"游"，一面积累着作为一个懂人情的丈夫的必要修养。

淇园还认为，游廊也是优秀妻子的培养所。作为一位探求欲很强的青年，他对当了主妇的游女做了观察，在回答一个朋友提出的"娶游女做老婆，感觉会如何"的问题时，他得出了如下的结论："放开她写情书的手，她仍有其'色'可观。而把她娶到

---

[1] 尾生：《庄子》寓言中的人物，芥川龙之介的短篇小说《尾生的信义》中的主人公。

跟前作老婆，似乎什么都没有了，就把色之类的全部舍弃了。实际上，在家庭生活中，老婆蓬头垢面也不觉得难为情，男人胡子拉碴也没关系，双方都不修边幅了。要问这就是没有'色'了吗？我认为俳谐、连歌中所谓的'恋第一'就在其中。"这就好比是照着字帖写字，不去特意模仿字帖，而是按自己的感觉来写，不太在意写好写坏，即可得天然之妙。"天然的东西不能增减"，这样的男女之情就会得天地自然之妙。

有一个嫁给了町人的游女，"整天把一串钥匙挂在腰间，昔日全盛的状态荡然无存了"；还有一个嫖客和被他赎身的游女，"如今过着灰暗的生活"。从良以后到成家过日子这段时间，是夫妇两人之间的一个分水岭。在被问及"娶游女为妻是一种什么感觉"的时候，他对其中的过程做了仔细的回答。他说最初觉得没有必要娶她为妻，但是娶了之后，心情就不同了。"听说有人娶了半年之后，对她就不太好了。本来想掩饰一下，实际上在言谈举止中，是无论如何也掩饰不了的。而且，既然娶作老婆了，心里就希望她不要碰别人，不要跟周围的人太亲密。然而做游女时接触的人很多，这一点就连三岁的小孩儿都知道，因为这样的原因所以娶她来作老婆。娶来之后，即便不情愿，每晚还要陪她说情话。她了解男人的心思，就对他说：不要说这些叫我伤心的话好吗？你已经把我娶来了，但是秋天来了，秋风起了，可叹我要被抛弃了。我这样辛辛苦苦地持家，为什么这样对待我？于是每晚泪流满面。这样过了半年，跟她的感情就深了，也就离不开了。

娶游女为妻，岂不就是这样吗？"问她的这份深厚感情是从何而来？回答：其中有两个原因，一个是她出身于贫家，"是将孩子忍痛卖掉"的那种贫苦家庭，她不会像富家女子那样在娘家做事瞒着丈夫。"因为心里想绝不能为丈夫抛弃，所以对丈夫感情就深"；第二，"虽说吸引丈夫的是色，但吸引丈夫的不仅仅是色，她在心里疼爱丈夫，所以感情专一。老想着：要是被抛弃了该如何是好呢？所以更加珍爱，感情弥笃"。当然，也有的男人因娶妓为妻而挨父母痛骂，于是就把气撒到妻子身上。人的性格不同，不能一概而论。总之，"要知道，游女一般是讲'意气'的多，可人意的多，不可人意的少"（下卷之八十），基于这样的心得体会，淇园发了种种奇特的议论，那只是对享保时代的游女而言的，对如今的妓女并不切合，但我们也不能完全否定其中所包含的一些真理。

"男女风情是彼此迎送，如认为全在对方，不在我方，则我方无以相迎。清晨眺望雪中山路，一家之主与谁寝。"（《云萍杂志》）要在功利与实用之外的世界摇曳，让心的翅膀自由翱翔，否则，就不会知道人生真正的乐趣之所在。在柳泽淇园看来，不懂风雅的人为什么要活着呢？简直不可理解。他在《独寝》中之所以多次表达了对"不知风雅为何物"的人的蔑视，原因就在于此。为了明白柳泽对整个人生的态度，我想在本节的最后再引用他的一段话，那是他对一本题为《堪忍记》的对武士的茶道加以攻击的书所做的痛斥——

即便是瞎子，也能看出这位作者的愚昧无知，他不知世道有太平之世与乱世之分，当然不必说治世也有混乱。正如不入夏季还要穿小袖和服一样，武士之道玩赏茶道也不足为怪。说茶道有损武道，简直是胡说八道。狗尚有佛性，庭前为何有柏树子[1]？在太平时代舞文弄墨，玩赏茶道，唱唱歌曲，逛逛游里，玩玩弓箭，玩玩球，跳跳舞，做做游戏，看看戏，五花八门，如此等等，都很有意思。既然身为武士，就必须有为主人舍命的自觉，这才是武士之道。……（下卷之九十八）

就这样，他把"逛游里"也列入"风雅"之中，并以此为荣。

---

[1] 狗尚有佛性，庭前为何有柏树子：两句均为禅语，出典禅宗经典《无门关》第一、第三十七。

游里的崩溃

1

从柳泽淇园的《独寝》可以看出,他是把游里纯粹作为游玩的地方,至于嫖妓是否对自己的妻子或者相当于妻子的女性造成"信义"上的破坏,则是完全不考虑的。对于"一贫如洗、卖子求生"的家庭可否将自己的子女卖到妓院,对于他来说似乎也不成问题。卖淫所造成的严重的伦理上、人道上、社会上的问题,像他那样的聪明人竟然没有意识到,这在我们今天看来简直不可思议。然而,在纳妾是男人公然的权利的时代,在那个贫富贵贱取决于个人的出身家庭、而不将其作为社会问题来看待的时代,这些自然就被看作是理所当然的事情了。在这里我们要探讨的是,这种所谓自由为什么具有某种积极的文化创造的意味呢?柳泽淇园等人的冶游在这个意义上具有一定的"文化生产"的价值,并且在其天赋的人格中赋予了一种教养和风度。从文化史的角度看,这一点是我们必须承认的。至于今天我们是否也能按照柳泽淇园那样的方式去生活，则完全是另外一回事。

在柳泽淇园之后不久，游里特别是像吉原街上那样的游里，就已经不再是男人显示其教养的地方了，游里文化的基础本来就是不自然的，过了享保年间，游里的崩溃迹象就渐渐显示出来了。正如污泥中的莲花，当它的根部的养分开始缺乏的时候，那种蛊惑性的、幻影般的丰丽就不能持久保持了。在极乐世界的背后，地狱的大门渐渐地显出了轮廓。

享保年间，游女的生活工作环境还好，但许多游女已经不愿待在里边了（参见《独寝》上卷之五）。然而对游里而言，越是其内部缺乏生气与活力，就越要在表面上制造繁荣气氛。越是在表面上装潢门面，借钱负债就越是增加。随着负债的增加，他们的显摆与铺张的余地就越小，游里的生活就越来越痛苦了。在这种情况下，游里就成了俗话说的"苦界"，游女就像笼中的鸟儿那样渴望外面的自由，急欲挣脱出来。

随着游里的海市蜃楼般的诱惑力逐渐减少，游里内和游里外判若两个世界的魔法似的感觉效果就丧失了。被囚禁在游里内的小鸟，渴望着飞出去变成普通女子，而那些好色的町人老板和"意气"[1]的小伙子，就想拯救她们，并向她们求爱。于是，"情死"和"逃走"便成为江户时代后期游里中最有代表性的两个关键词。当然，情死在任何时代都有发生，但是值得注意的现象是

---

[1] 意气的：原文"意気な"，意为风流、潇洒、仗义的。

其时的数量频率在逐渐增加,其性质也有了变化。在大阪地区,近松写作的"情死剧"主要是在元禄年间之后到宝永、正德、享保时代[1]。而且,虽然同样是情死,享保年间之前的情死文艺,不像后期的那样带有丰后节[2]特有的颓废、忧伤和绝望。总之,无论是在大阪地区还是江户,前期的游里的关键词是"大财主",而后期的关键词却变成了"情死"和"逃走"。由此,我们对江户时代游里这朵地狱之花如何由灿烂到衰败,就会有一个基本的把握了。文化、文政年间的短暂的繁荣只不过是过了季节的花朵。在那个时候,已经迎来了所谓"艺者"[3]这一秋季的花朵绚烂绽放的时节。

我对江户时代游里崩溃的过程大体上持有以上的理解。对这个过程做具体的研究描述,是我力所不及的,我想指出的,这个变化开始出现的时候对人们造成了怎样的冲击?宝历、明和、安永年间[4]的随笔作品对此作了清楚的反映。特别是三味线演奏家原盛和,在宝历十三年六十七岁时写的《北里剧场邻之疴气》,是记述那个过渡时代的珍贵文献。虽然对这本是由老人发着牢骚写成的书,我们在阅读时应该有所分析和鉴别,但他作为一个目击者对历史事实的记载,则是可信的。

---

[1] 宝永、正德、享保时代:1704—1736年间。
[2] 丰后节:江户时代净琉璃曲调的一种。
[3] 艺者:艺妓。
[4] 宝历、明和、安永年间:1751—1781年间。

原盛和是元禄十年出生的，因而他二十岁的时候应该是享保元年，三十岁的时候应该是享保十一年。正如《我衣》的著者所言，元禄时期游客的做法是：别人花一百，我花一千；而到了享保以后，别人花十块，我花五块。尽管这种情况已经普遍存在了，但毕竟还有纪文奈良茂那样的富豪，还有第九代高尾和玉菊等名妓在那个时期度过了青年和壮年时代。吉原的品位和规格在人们心里仍有记忆。但是，在那位时年六十七岁的老人眼里所见到的，却已经是丧失了生气的、衰微的、靠注射樟脑酊剂维生的吉原。

享保末年的短暂的起色姑且不论，直到今天作为吉原重要节日的夜樱节和灯笼节就是那个时候兴起或恢复起来的，但是吉原的衰微靠这个是不能挽回的。要是在从前，"五节日及纹日[1]不用说，平日从大门口到水道两侧的茶屋里，很少不是客人满堂、女郎侍奉左右的。扬屋街[2]在扬屋女郎来回的道中，两层的茶屋中都有女郎陪酒，真是热闹非凡。现在固然也有五节日、纹日，但街上的客人和女郎都很稀少了"。而且这时候的女郎，也都没有了格调和品位，而是浓妆艳抹以吸引客人眼球，这一点也是"靠注射樟脑酊剂维生"的一种表现。

"女郎从前是涂抹以红粉白粉为下品，扬屋女郎哪怕是淡妆，

---

[1] 纹日：妓院中每月初日和十五例定举行的活动。
[2] 扬屋街：江户时代的高级妓馆区。"扬屋"又作"举屋"，是倾城、天神等高级游女的住处及接客的地方，这些地方的游女又叫作"扬屋女郎"，也用来指代该场所的老鸨、管家。

德川时代的文艺与社会

虽说属于扬屋风格，但也仍然被视为低俗。发型是兵库结[1]，用一把简单的梳子拢起来，脚穿隐藏脚指头的草鞋，是有别于良家女子的那种漂亮。而如今女郎的发型则是由发油固定，头插两三把木屐齿似的梳子，头簪也是五颜六色地插着七八支，在节日聚会上看上去，与弁庆[2]的人形[3]差不多，天气晴朗的时候穿着木屐，仿佛是助六。不明白扬屋女郎应有自己的打扮，看上去却像是舞女，穿着小袖和服，像夜鹰在白天现身。……根津品川地方的游里地方宽敞，人也朴实，但这里却总体上品格低下、寒碜、下贱，似乎是把阴羽町和品川的坏的方面合为一处了。"即便像这样刻意打扮，甚至头插"花八九两甚至二十两"买来的一把梳子，但是效果仍然不佳。假如没有出手阔绰的客人，实际上情况就很窘迫。于是，"无论是讨厌的大佬、粗野的武士贵人，还是街上的小老板，都不再光顾，也不再谈论这里了"。过去全盛期的女郎被花大价钱应邀参加子待、巳待、庚待[4]之类的活动，呈现无限的风光，如今这种事再也没有了，许多女郎们只能在游里内表演杂耍的地方、卖面条的地摊上买零食吃。在这种情况下，客人们也认为，"嫖妓还是以价钱便宜为第一，不去大地方玩了，就去小游里吧"，这和热衷于琢磨玩法的原盛和的年轻时代很不

---

[1] 兵库结：又称"兵库髻"，女性的一种发型，将头发挽到头顶后部并隆起。
[2] 弁庆：镰仓初期的僧人，又名鬼若丸，曾保护落难的源义经，后战死。其事迹在后来的文艺作品中多有表现。
[3] 人形：用于观赏和表演的人偶、木偶。
[4] 子待、巳待、庚待：当时带有宗教民俗性质的节日。

一样了。但是，这种情况并不意味着吉原妓院区脱离了世间的需求，只是这种需求的性质发生了变化——作为"性欲美化的道场"的性质丧失了，而蜕化为仅仅是性欲满足的场所。

根据《嬉游笑览》一书记载，享保五年有"散茶女郎"近两千人，天明六年游女及见习雏妓总共二千二百七十人，享和初年三千三百一十七人，文政八年三千六百人（那时男性艺妓二十人，女性艺妓一百六十人）。当时江户城人口增加的比例不得而知，但从绝对数上看，越到后来游女的数量越增加了。然而街上的客人少了，茶屋萧条了，富豪少了，游女日子不好过了。为了迎合多数人的趣味，趣味就必然低下，而且多数嫖客都去私娼集中的地方，那是无论如何也不可遏止的。百年来的传统一朝中断了，明和、安永以后直到庆应年间，不仅是江户人最感到自豪的"江户儿"是如此，地方人士也是如此，这是一种全国性的现象。这样，游里作为一种文化创造的势力就必然走向死灭。而留下的，只有对美好的过去的回忆，对没落现实的惋叹，还有那些表现在卖身的苦海中挣扎、为追求真诚爱情而呼唤的绝望的、充满忧愁的歌舞戏曲。然而，随着母体的衰弱，附着在母体上的哀诉之声也逐渐消失了。流传到后世的，不过都是一些便于保存的形骸。于是，我们对于游里的考察，也就到此告一段落了。

至于从以前的舞女发展演变而来的艺妓，在宝历年间以后开始盛行，对此不遑作详细考察了。我只想指出，作为私娼的艺妓在妓院街上蔓延开来，竟然威胁到妓女的生意。这一点我们从宽政七年的《新吉原町定书》中的一段话就可以想象,其中有云:"茶屋为吸引客人,招来许多艺妓,其中有与客人陪宿者,固有种种情形,但陪宿超过了经营许可范围,致使客人不能到游里过夜,妨碍游里经营……"可见,艺妓在吉原街上已经很猖獗了,达到了"妨碍游里经营"的程度。对于官府而言,采取措施遏制此种情况,保护吉原街的经营,是理所当然的。吉原的艺妓作为游里的附属产物,是非卖身的"艺者",可以说是在最肮脏的场所中的一群干净的游动艺人,这种传统直到今天仍保持着。然而仅仅是吉原街区里面的艺妓是这样的,至于街区以外的新出现的艺妓,无论是官府还是吉原街都没有办法加以有效控制。作为宴会的陪同者,或者是作为私娼,无论如何都是为了满足"游者"的需要而产生的,于是作为一种女性职业的艺妓便在妓院区之外繁荣起来。它的繁荣是与私娼的兴盛和吉原的衰微相伴随的,是一种自然而然发展演变的结果。

我们需要看到,艺妓的兴盛是与吉原街内部组织上的根本缺陷密切相关。由组织结构上的矛盾而产生的内部破绽,导致了自我灭亡和新的衍生物的产生,于是,吉原街上的公娼制度也有了自己的"Dialektik"[1]。我最后要说的就是这一点。关于艺妓本身的发展演变,已经有了相关的研究成果,如三田村鸢鱼先生的《江户艺妓研究》(载《中央公论》大正十五年五月号)。像我这种外行人也就不必再多说了。

---

[1] Dialektik:德文,辩证法。

那么，江户时代游廓组织结构上的根本矛盾是什么呢？正如我在上文中提到的，就是要女奴隶扮演色界女王。作为色界女王而加以培养的人，结果却必须担当女奴隶的功能。为了掩盖这个矛盾，买卖双方都要在这个根本事实之上加以形形色色的美丽装饰，并以此蛊惑人心，这的确是游廓经营者的高明招数。因为太夫有品格、有技艺、有色道的训练，因而嫖太夫就使人感觉是一种荣耀，是一种冠冕堂皇的行为。太夫的矜持和傲气，使她有自由不接待她所不喜欢的客人，这就让太夫自身感到了自己的尊严，让受到太夫青睐的客人也觉得光荣和满足。然而在这里是不能达到爱恋的最终目的的。一些喜爱危险游戏的嫖客，最终的目标就是以自己的热诚之心抓住太夫的心。而面对这种为最终目标付出的热诚之心，太夫们就会对他说：自己身为"接客者"，不能不侍奉许多男人，而且自己身边还有许多竞争者。这样的话反而更加激发了嫖客的热情。

然而，当游女真正对某位嫖客动了真情的时候，她的女奴隶的身份就使得她不堪其重了。即便有多年的训练，也深知如何把握心诚的限度，但"接客者"的身份本身对她来说是不可摆脱的苦痛。在这个意义上，游廓与恋爱是矛盾的。在江户那样男女的纯洁接触并不自由的时代，男女在游廓中发生恋爱却是很常见的。但是要实现恋爱，就必须逃出游廓才有可能。毕竟游廓是从兴味到恋爱之间的一片原野，人一旦进入了这片原野，就必然会受到魔法般的美的诱惑。然而当这个魔法没有足够的财力做保护的时候，当没有这种保护只能依靠零头碎脑的钱来支撑的时候，就必然会削弱其吸引力。当品格、教养、矜持、傲气都黯然失色时,当感到游廓中开始丧失生气时,女奴隶与狎客赤裸裸的关系,以及游廓的地狱本相就逐渐显现出来了。

不过,在江户时代,游廓是恋爱发生的场所,这一功能一直没有丧失。在那里发生感情的人,无论是买家还是卖家,都是不幸的。因而,在游廓中发生的恋爱自然都充满着悲伤、绝望、忧愁,这是对游廓"行规"的逆反,是游廓自灭的征兆,也是吉原街在精神上的堕落。从人道的立场上看,也可以说是从被诱拐的人的灵魂,向着本来的自然灵魂回归的一个过程。人,特别是有诚实之心的人,已经对游廓的游戏不堪忍受了。

在这个时候,值得注意的是,艺妓这一阶层,都以小女孩,特别是以处女的身份登场。当时那些"在游玩中踏出恋路"的、精通色道的"通人",离开了越来越赤裸裸地流于色情买卖的游女,离开了充满征服的自由与失败的危险的游廓,离开了山寨化的华丽,而转向了周围那些似乎很合乎自己趣味的私娼馆,这也是理所当然的。那里比吉原街更隐蔽,那里更适合做恋爱的游戏,那里有着合意的房子和可口的饭菜。不知道那些以性欲满足为唯一目的的人是怎么想的,反正大趋势就是那些玩家都逐渐远离了吉原街。

如此说来,吉原街就只有什么都不留下而走向消亡吗?不!它留下的是"游"的精神。而新的艺妓阶层则是继承了这种精神的"吉原之子"。

情色的推移与笑话

1

为了保持良性关系的严肃与深刻性,就需要两性感情的"处女性"。但当这种感情的纯洁性被破坏的时候,纵然我们的性欲生活还是丰富多样的,然而最为本质的东西——"不能没有的东西"——就欠缺了。这样说,并不意味着肉体的处女或处子是恋爱的先提条件。对男人而言,像唐·璜[1]那样的人也是有可能保持感情上的处女性的。对于女人来说,"不忠诚好比恶浪,不断袭来的恶浪,会使妻子的船搁浅";就连对自己的身份"引以为耻"的游女,也是"随时必须接待客人,自身命运如朝露,却在阴暗处悄悄地寻找着自己的爱"[2]。这种真诚之爱的获得,已经为江户时代公娼制度高价的实验所证明。因而可以说,真正的恋爱所

---

[1] 唐·璜:西欧古老传说中的风流浪子,在莫里哀的戏剧、莫扎特的歌剧和拜伦的长诗《唐·璜》都有描写。
[2] 出典英一蝶《松之叶》(元禄十年刊)第三卷十五。

必须的，并不是肉体的处女性，而是两性感情上的处女性，存在于两性生活中的最神秘之处。这种真正的爱体现得越鲜明，人就越是以淫荡为耻；越是痛恨卖笑生涯，也就越是尊重肉体的处女性。无论唐·璜还是妓女，他们都会感到这种惭愧和悔恨，也证明了两性感情中处女性的存在或者复活。

只要没有深刻的内心矛盾，只要容忍人身的买卖，就会在两性感情中缺失最为本质的东西。在这个意义上，放纵本身、卖笑本身，在逻辑上说是与两性感情的处女性相矛盾的。何况在制度上公开允许卖淫的存在，无疑就会损害国民的两性上的纯洁，忽视两性的处女性，怂恿放荡无耻的行径。江户时代在这个意义上的道德的堕落，在以感情表现为使命的文艺作品中，得到了清楚的表现。江户文艺的大部分对于现代人来说，已经不能作为通用的教育教养的作品资料了，而其中最值得警惕的，就是恋爱观的低劣这一点。现在我们面对的新的课题，就是从"性欲之美化"的角度，转向对其堕落的性质与过程的考察。

但是，我这样说，并不是要把性的堕落的责任完全归咎于公娼制度。毋宁说公娼制度是上一代人性放纵的结果，是性堕落的征候。这就好比是从朽木上长出来的一种菌类，会使得木头加速腐朽。大凡作为历史形成的要素而言，个人及社会制度会让自然之势推进、转化，或者逆转，从而开辟意想不到的新局面。对这种可能性的研究，历史学家做得还不够；反过来说，个人与团体的事业也会做到这一点，或者会为此确定方向、奠定基础，无论他愿意不愿意，其事业都有决定历史及社会大势的意义，而人们对这一点的认识也同样不足。

愤世之士太宰春台就是一个例子，他曾慨叹"丰后节"的流行，写道："自净琉璃流行以来直至今日，江户男女淫奔者不知其数。到了元文年间[1]，士大夫家庭不用说，就连达官贵人，或与女子私通，或者妻室出轨，亲属中奸通之类的行径不胜枚举，实为淫乐之灾。"正德、享保年间，从"一中节"中产生了"丰后节"，这里面包含了怎样的时代要求？到了文元年间得以流行于江户，是如何适应了江户人的精神状态？太宰春台对这些问题没有任何触及。因而他尽管怀有愤世嫉俗之士的见识和热情，但其历史认识还是相当片面的。这种片面性中的最可悲的一点，就是他不去试图直面并引导当前的社会现象，而是将精力浪费在站在外围加以抨击诅咒上。当然，这类慷慨激愤之词，是针对当时社会而产生的偏狭而又锐利的观察，也对社会意识产生了一定的影响。然而，我们今天已经离江户时代很远，无法对它产生诅咒愤懑之情了，而且无论我们如何叫骂，也无法唤起墓地中的那个世界了。因而我们在这里需要做的，就是对历史的因果关系进行冷静的分析考察，并与现代的社会问题联系起来。

公娼的设置，即按照资本主义逻辑设立妓院并准许团体营业的制度，逐渐影响到社会生活的各个方面，在这种无可阻挡的

---

[1] 元文年间：1736—1741年间。

社会势力面前，日本人性生活与随之产生的两性感情处于怎样的状态呢？对这个问题，要追溯到织田丰臣时代、战国时代、室町时代、镰仓时代、平安时代、奈良时代以及更早的时代，是很遥远的。我们现在将这种追溯限定在战国时代以后，并大体做一点考察。我们首先会看到，在僧人和武士中间的"众道"（同性恋）的流行是具有悠久渊源的；其次，不可忽略的是，京畿地区官方允许的游廓早在上一个时代就存在了。后者到了江户时代，已经与普通的平民文化融为一体了。前者在这个时期作为一种社会现象已经很明显了，这从江户时代初期产生的"好色文学"中有了"男色物"这一种类就足可想象。伴随这种风俗而产生的性行为的无耻，已经在上一个时代发展得很严重了，在江户时代的文学作品中也能够举出很多例证。最典型的一个例证就是山崎宗鉴的作品。他是山崎近江佐佐木氏的后裔，而且本身也有立过一定的战功，在七十五岁的时候（享禄天文年间）编撰了题为《犬筑波集》的俳谐集（参见《日本俳书大系·贞门俳谐集》解说），值得一读。这位充满野性的武士、这位豪放洒脱的俳谐师（或者就他本身看来他只是长短句编辑者），对人们的性生活（特别是"众道"生活）做了极为露骨的描写。其中有："还没能融为一体，像夫妻那样，等待夜晚到来。""父母从缝隙中偷窥，真没大人样，干扰合欢之夜。"这种世相图，还算是格调不太低的、能够示人的部分。集子中作品不仅仅描写了人们的性生活，而且对大自然也做了带有情色意味的观察。"春风摇荡，松枝上，挂着阴囊"之类，还有写顺着水鸟的绒毛往下滴落的水珠，都带有"众道"的色彩。不过，把如此之类的描写径直解释为性的堕落，似乎也并不完全妥当。不如说它们与《十日谈》和莎士比亚戏剧中的相关段落的描写相类似，表现出了一种带有原始气息的性的粗野和无耻。在这里，玩味性生活并加以滑稽化的倾向已经初露端倪了。

2

《醒睡笑》一书，是净土宗僧人安乐庵策传应当时的著名判官、京都所司代[1]板仓重宗的意思写出并持赠的滑稽小故事集。在该书的写本上有重宗写的一段题跋："元和元年间，安乐庵应命讲述，颇有意趣，为便于保存，特记录整理成册，一两年后，所得达八册。为防散佚，特题跋于此。"据此可知，该书大约是在江户城开设妓院街之前不久就编好了，正值京都的六条柳町妓院鼎盛的时期。书中的故事是在诸侯面前讲述、为诸侯的爱好而收集编写的，由此可见当时的上流社会是如何地包容并喜欢滑稽故事了。总体上看，该书没有后来的落语[2]那样的浓厚的色情意

---

[1] 所司代：官称。江户时代设在京都，处理有关朝廷事物及近畿地方民政、诉讼、监察等事务的官员。
[2] 落语：日本传统曲艺的一种，由一个演员面对听众讲述滑稽故事，类似中国的单口相声。

味，还是较为自然、健康和不假雕饰的。但是关于"众道"的内容，在八卷中有一卷（特别是卷六）有不少。

《醒睡笑》中几乎没有涉及游女的故事。这是因为其中的许多笑话并非基于当时的普通的社会生活吗？还是因为这些笑话是僧侣讲给诸侯听的，所以不能太下流吗？两方面的理由可能都有。但从书中不难看出，就"众道"而言，在当时上流的武士社会中，那已经是家常便饭的事情了。当这种性的无耻转而运用于女色方面的时候，官方允许开设妓院就一点也不足为怪。从这一背景来看，似乎可以说，在江户设立公娼是整顿风纪的第一阶段，至少体现了努力使风纪得以改善的一种主观愿望。然而事实上却导致了鼓励性道德加速堕落的结果。人的智慧是何等的浅薄，真是无可奈何。

不过，说公娼制度事实上鼓励了性堕落，这一点还需要加一些解释。公娼的设立基于性的无耻，但这并不意味着这种无耻可以自然而然地变本加厉地发展。本来，公娼制度必须起到对卖淫现象加以限制的作用。但在这之前，在人们的伦理中已经有了放任私娼的想法，虽说如此，但还为了对它加以限制而予以集中，而正是因为加以集中，使它的吸引力成倍增加了。在旧吉原街刚开放的时候，那些市井的男人是多么好奇、多么兴奋，我们可以在上文（第154页）引用过的《东海道名胜记》的相关章节中看得出来。

游里的诱惑引发了男人玫瑰色的梦，使他们心旌动摇。于是买春便作为一种行为习惯而影响到一般社会。不过,这并不意味着男人们的心比以前更为放纵和无耻,根据相关文艺作品的描写来判断,情况却恰恰相反。在从前的无耻之上笼罩了一层羞涩的影子。这种羞涩固然并没有征服无耻,却使得这种无耻的生活带上了微妙的、被文化修饰了的色彩。一般而言,随着伦理意识的进步,好色便失掉了以前的那种自然与本色,而逐渐地有了一种自觉意识。伴随着意识的分裂,男人看到了有必要为好色寻求一种理论根据,于是这一点增加了在感觉上的细腻程度,同时在意识态度上也越来越趋向于趣味性的、赏玩的了。一言以蔽之,内心仍然觉得无耻,于是就更加感到有必要加以更多的装饰美化。于是,起初的"无耻"便被"堕落"这个词置换了。而"堕落"这个词又可以置换为"颓废",这是显而易见的。好色,在本质上就是感到无耻,而又加以辩解,使其变成细腻夸张的装腔作势和充满技巧的行为。随着这样的好色进一步明显地发展,那种悲伤、绝望、赤裸裸的恋爱,就和基于性堕落的"通人"的文艺渐行渐远了。不过,只要我们现在把江户时代的性堕落作为一个问题提出来,那么这种狭义上的恋爱文艺就是不可忽略的。

为了考察"通人文艺",我想应该顺着上文的线索,对《醒睡笑》之后的笑话、落语之类加以考察。后来的这些笑话,其滑稽趣味背后并非都有着情色的成分。若从绘画的"整体色调"这一意义上说,这些色情笑话作品的整体色调,则是不符合事实的夸张。不过,说色情的题材日益增多,描写逐渐细腻,处理方式也更加变态，则是不争的事实。这些篇幅短小的滑稽文学，以滑稽趣味为中心，一下子抖出事物中的矛盾，然后很快加以解决，从而形成一个"噱头"，是其通常的自然的套路。而发展到落语这种形式，则更强调诙谐打趣，也是不足为怪的，只是落语更善于运用噱头，力图使语言、事件、生活场景给人留下非常深刻的印象。于是，随着时世推移，情色的成分作为一种刺激性描写不仅运用于故事情节中，而且靠噱头的使用，更加突显、更加令人炫目了。

贞享、元禄年间，京都有露之五郎兵卫，大阪有米泽彦八，江户有鹿野武左卫门，将滑稽笑话更为普及化。他们的表演舞台已经不是所司代的府邸，而是四条河原、生玉辻、中桥光小路等地方的铺着席子的小戏棚。从当时的相关文献资料可以看出，这三个人得到了当时市井民众的极大好评。其中，五郎兵卫的《露之话》、彦八的《滑稽御前男》等，大体上继承了《醒睡笑》的旧风，没有什么新颖之处。后来在落语发源地江户鹿野产生的《鹿之卷笔》中，色情的题材受到特别的偏爱，作者主要是依靠自己的主观机智制造出滑稽效果，与《醒睡笑》中从客观世界中自然体现出滑稽的那种"逸话"风格，完全是两种不同的路径。在那里，"色之初"这一人生中原本最严肃的东西，却被他们在最龌龊的意义上理解为语源上的"湿漉漉"。与人生的"世间行住坐卧"等各方面加以比较，他们坚持认为色道是"最紧要的快道"。我这里只想举出一个相对不是那么龌龊的故事的梗概。故事的主人公是家住南绀屋町二号街的侍奉一个浪人的乡下人，是"一个名唤作藏的做事谨慎小心的而又没有经验的长男"，他带着乡下口音，有些话叫人听不太懂。有一天附近有火灾，他爬上屋顶，一边看火势一边说："哎呀，这、这成何体统嘛！就在我眼皮底下嘛！"又说，"太太呀，您要小心啊，那大火呀，说话间就要烧过来啦！"这种滑稽故事不仅龌龊，而且不自然。在男女听众面前说出这种话来，就可以想象当时人们的羞耻心已经麻痹到何种程度了。

转眼间到了宽政年间，那么被称为"落语中兴之祖"的谈洲楼焉马的落语风格又如何呢？到了他那里，落语的噱头在形式上已经成熟完备了。故事情节也相应地有了跌宕起伏，像此后产生的长篇落语，不再为了造成滑稽效果而使故事不必要地绕弯子来逗引听众，而是把它压缩到必要的程度、减少到必要的长度，而且噱头的构成也颇为用心讲究了。但是，在落语整体趋向爽快洗练的同时，情色的因素也更带有刺激性、更富有技巧地被运用起来。或是露骨的表现，或是委婉的表达，总之像《鹿之卷笔》那样的拙劣表现不再出现了。我们从今人编辑的《开卷百笑》中挑出两三个故事来看。其中有《岁暮、年市》一篇，把剧院后台管澡堂的人喊出来，模仿净琉璃曲调，把裸体的演员的体态加以描述；《女式轿子》讲的是雪夜里抬着女式轿子带客人去吉原街，轿夫光说话，却不往前走，乘客怒喝道："喂！快往前走啊！"轿夫却回敬："走才是傻瓜呢！"《高尾》一篇说的是为了给足利兼公做法事，请人在河川上放焰火，没想到名妓高尾却出现在河堤上，诉说自己死后被变成焰火的恼恨。这些落语中有一些内容甚为猥亵，有一些噱头十分厚颜无耻，以致在这里难以引用。当然，后两篇还算是不太过分。这些作品都创造了一个空想的、不可能存在的梦幻世界，最后一下子甩出了最为颓废的"哏"，使人感到了一种梦幻世界的滑稽感。然而这些又不具备对现实的卑琐世界加以超越的功能。生活在现代世界中的男女，一大半恐怕看不出其中的滑稽趣味了，但看不懂倒是幸事。假如读者不幸看懂了其中的意思，只要他还保持灵魂的纯洁，恐怕第一反应就是脸红吧。但是接着，他们的笑马上就会收住而皱起眉头来。如果对其中的滑稽抱有同感，那就首先必须使自己的灵魂污浊化。《鹿之笔卷》中的作藏的故事，即便作藏那个人灵魂并不是特别肮脏，只是一个性格上有些猥琐的人，那么他的故事也许还有一点搞笑的价值。然而，面对《高尾》和《女式轿子》那样的段子，假如不是完全丧失了情感的处女性的人，是不会笑出来的。这种笑是堕入地狱的笑。至此，江户时代性的堕落的征候终于暴露出来了。

假如一定要在上述的《开卷百笑》中，引用一段作为例子的话，我想不妨引用与我们现在的论题没有直接关系，但带有通常的苦涩味的一个段落。其中的《百夜车》（水鱼亭鲁石作）的短段子，整体上看并不是上乘之作，但在噱头的使用和讽刺性上，是全书中最引人注目的，如下：

从前，一个著名的美人叫小野小町，其和歌也广为人知。但那时还没有恋爱的对象。有一位深草少将对她无限倾心，无论是雨夜还是雪夜都不停地给她写信，在车的踏台上也写，写了九十九夜，然而仍然没有得到对方的回应，于是就不想活了，女佣们知道了这一情况，就去小町那里，说深草少将快不行了。小町听罢，就叫出了用人，出了家门，直奔少将而去。

结尾落实在此处，相当简练，也充满着清醒的理智色彩。然而，当这种清醒的理智与内心的无耻相结合，并运用于色情题材的时候，便产生了上述的颓废的滑稽文学。江户时代的性的颓废，大都是在性堕落中朝着一种特殊方向的堕落。决定着这种特殊方向的根源，不能仅仅从公娼制度本身（以及其中所包含着的性的无耻）去寻找。那么，主要的原因到底要到哪里去寻找呢？在这个问题上，江户时代的儒学思想认为应该把卖淫及其责任加以区分，以下我们将开始对这个问题加以考察。

恋爱的地狱：立嗣有后

1

"女性不宜作为俳友[1]，男女也不必有师徒关系。此道需要耳提面命，要择人而传。男女之道，只在立嗣有后而已。若放荡则乱心，此道贵在专一，需常常自省。"——这据称是松尾芭蕉写的《行脚掟》中的一段话。《行脚掟》果真是芭蕉的书吗？这本书是乙由[2]的儿子麦浪所保存的，作为芭蕉的遗作是可信的吗？难道里面有许多内容不是后人所窜入的吗？这是芭蕉研究中必须搞清的一个问题。世间一般人只是从其俳句中看到芭蕉是个吟咏大自然的人，又从他的连句中看到他对人情世故有精细的观察。有一组连歌，前句是"不断变换的恋爱啊"，付句是"浮世的尽头皆是小町[3]"（《猿蓑》）；上句是"烦恼的阿妹呀，望着晚霞"，

---

[1] 俳友：一起从事俳谐创作、唱和的人。
[2] 乙由：中川乙由，俳人，松尾芭蕉的弟子（蕉门弟子）之一。
[3] 小町：小野小町，古代美女、歌人。

接着这温柔的一句，则唱和："那天边的云，是谁的眼泪？"（《旷野》）。到了晚年，面对"流星划破长空"的情景，便想起了"那婀娜优美的舞姿"（《续猿蓑》）。前句是写下女"萝卜上面的叶子干了"，芭蕉的唱和是"近日要立马谈恋爱"（《炭俵》），可见芭蕉是深知恋爱之道的。即便得知女弟子园女[1]因过量食用菌类而得了重病，并借此对弟子们加以训诫，那也不至于提出像《行脚掟》那样的规矩来吧。我在这里想说的，是所谓"男女之道，只在立嗣有后而已"这一说法，只不过是江户时代流行的一种儒教的传统观念而已。那些硕儒常常著书立说，提出对于无安身之处的女性要给予怜悯和同情，要对女性倾注人间之爱，但男女之间的结合，最正当的伦理上的理由就是为了传宗接代。不能生子的妻子可以休掉，为了生子可以纳妾，都是以这一点为依据的。然而，这个最高原理对于两性生活的正当要求有没有给予充分的考虑呢？依照这个最高原理，两性之间不知厌足的欲望究竟要往何处宣泄呢？我们想追问的问题主要就在于此。

"男女之道，只在立嗣有后而已"——依照这一最高原理而结婚的理想状态是怎样的呢？那就是立嗣传家。为了"立嗣"的结婚，从本质上而言，并不是个人与个人之间的结婚，而是家与家之间的联姻。因而，无论从社会经济与阶层的意义上看，还是从生物学的、血统的意义上看，对方的家庭状况都是需要慎重考

---

[1] 园女：斯波园女（1664—1726），女俳人，松尾芭蕉的弟子之一。

量的。家庭与血统的纯正，通过嫁出去的个人而汇入了男方的家族中，因而这个媳妇的人品与性情如何，就成为重要条件了。为了生出漂亮的子女，也不能忽视媳妇肉体的美，因而为了"立嗣"的婚姻，也并非排除审美的成分。像这样被选择而嫁人的女子，本质上都是任人摆布的、弱势的——或者如贝原益轩[1]所言，是薄命的——女子，丈夫对其加以有同情的保护，而妻子需要舍己而顺从丈夫，丈夫的这种完全基于伦理的支配，与深知妇道的妻子的自觉的服从，两者之间相互作用而产生夫妻之爱。这种情爱既以夫唱妇随为基础，就不能允许有那种危及这一基础的狎戏之爱，这就是所谓"妇有别"。因而夫妻之间的性接触，常常带有那种对于祖先和对于子孙的义务般的感情，即在香火相续之义务的严肃感情之下才能进行。这种义务的感情，可以限制那种放纵的不负责任的婚姻。不仅是江户时代，在一切儒教观念下的婚姻，根本上都具有上述的性质。

不能说这样的婚姻就没有一种独特的审美价值。特别是对于人的性生活而言，能够赋予性欲之上的严肃意味是值得尊敬的。不过，两性之间的关系，无论如何，其出发点都应该是直接的、内在的、人与人的相互吸引，善恶两方面都应从这个根本出发点上加以吸收，事实就是如此。所谓"立嗣之道"与这个无可争辩的事实之间的接触点在哪里呢？换言之，"立嗣之道"又从哪个

---

[1] 贝原益轩（1630—1714）：江户时代儒学家，著有《慎思录》《大疑录》等。

角度贴近，并支配这个事实呢？当追问到这里的时候，我们不得不说，"立嗣"的思想是远离人情的。儒学的两性观的褊狭，以及由这个褊狭带来的弊端，都根源于这个"立嗣之道"。

与老庄哲学与佛教相比而言，儒学素以贴近人情而自豪，为什么我们在这里要指责它远离人情呢？是因为"立嗣"的理想不是出于人的情欲本能，而是天降的法则；是因为人的性欲望本能可以由此加以强制，却不能由此得以抚慰和纯化。当然，有人说大自然在性欲本能之后植入了种族延续的目的，这作为假说是可以接受的。假如自然本身带有种族保护的目的，那么也许它只需通过生物的性欲就可以实现了，在这个意义上说，从种族延续到性欲，两者之间是极其直截了当的。但是另一方面，恰恰相反的是，性欲一旦进入人的意识生活的层面，从性欲到种族延续两者之间却相隔甚远。因此，"男女之道，只在立嗣有后而已"这一伦理是远离人情的、表面上顺从自然实则违反自然的一种天降的法则。

对自然目的论的考察当然需要慎重认真地进行，但如果允许对一个假说做进一步的考察，那就需要付出长久的耐心，要不惜时间的浪费和迂回曲折。但是这种通过迂回曲折，可以将生物学的出发点提高到精神价值的世界中。假如种族延续是大自然置于人的性本能中的唯一目的，那么，随之而来的各种精神的生活——无目标的憧憬、求偶的烦恼、发现所爱的欢喜、与爱人共处的兴奋恍惚——就都是能量的浪费了。和人类比较起来，鸡鸭猪狗的生殖行为似乎更为符合种族延续的目的,方法也更为快捷。但是,大自然并没有指定我们使用鸡鸭猪狗那样的生产方法。这是为什么呢?大自然的意图是不可推测的,但至少我们可以从中领悟大自然赋予我们的性本能的取向。就人类而言,种族延续不能是单纯的生物学的东西,生殖行为必须植根于精神生活中,使之提升为精神生活中的重大要素。而予以提升的力量源泉,就在于整个的人格价值世界,就是在这个世界的性生活中所发现的恋爱。这是人格的选择和爱慕,是人格的融合与欢喜,是以人格提升为基础的自我牺牲。只有形成了这样的恋爱理念——更简洁地说,只有从生殖欲望中产生的恋爱,才能赋予性生活以伦理基础。若不懂得这一点,即便产生了具有文化继承价值的生物单元,"立嗣之道"也不过是一种生物学的概念而已。希望通过所爱的人而使子孙延续,这一欲望就是通过恋爱而企求得到的一种结果,这种种族延续的理想以伦理的方式成为我们生活中的一个动力。大自然不只是要单纯地延续种族,而是希求产生人格。当进化达到一定阶段的时候,种族延续也必然是人格的,换言之就是必须通过恋爱来实现。因而,男女之道是人格的相互之爱,而不只是"立嗣"。

我现在的任务不是阐述我本人的恋爱观,我的任务是考察儒学的性生活观及其对文化的影响,因而我必须再回到"男女之道,只在立嗣有后而已"这一假定上来。当我们立足于这一假定的时候,我们的性生活应该在哪些方面得到肯定,哪些方面受到否定呢？不言而喻，性欲本身应该得到肯定，假如否定了性欲，那么"立嗣之道"就无所依附了，因此说："饮食是男女大欲，也是自然之妙理。它与性命相关，并以此繁衍子嗣。而世人见惯了僧侣，认为男女欲望是丑陋之事，这种看法不合情理。""男女欲望使人心柔弱，世人若远离男女之欲望，自然就会变得粗野暴烈，生出杀伐争斗之心，是最为可怕的。……女人可使男人性情柔和，且因家有妻子，而能够忍难忍之事，若没有妻子家眷，则可能会在一怒之下而大打出手。"（大田锦城[1]著《梧窗漫笔》）

从这个意义上肯定性欲或者容忍性欲，恐怕绝不是锦城一个人的想法。很多儒学家对这个问题的看法与他同出一辙，不必多加征引了。对此我们需要注意的是，这里所容许的不只是对"立嗣"所必要的男女之欲，而是为了避免因远离男女欲望所产生的杀伐争斗之心、由性的郁闷而产生的粗野狂暴。即便不是为了"立嗣"，性欲也必须得到满足。性欲不仅出于种族保存的积极目的，也用于缓和粗野狂暴之心这样一个消极目的。只是这一点往往容易被人们所忽略，人们希望在满足"立嗣"而娶妻纳妾的同时，使这一点也得以最小限度的满足。无论如何，我们应该看到，儒学家们承认了男女之欲仅仅靠种族延续的理想是难以统驭的，于是便想出妥协之策。讲求躬行实践的大学问家中江藤树[2]在回答一少年的提问时，这样回答："的确，色念是难以根除的东西，

---

[1] 大田锦城（1765—1825）：江户时代汉学家、儒学家。
[2] 中江藤树（1608—1648）：江户时代儒学家、汉学家，日本阳明学派的鼻祖。

此乃年轻人的通弊。若是染指者乃不邪之色，可以自行节制，而避免陷于荒淫无度。只可从事不含邪气、不带邪色的饮食男女之事。此种微妙道理，尚需仔细体察。"(《答一尾》)这段话可以作为上述结论的一个旁证。仅从这一点上看，儒教与禁欲主义相比，的确是贴近人情的。然而，中江藤树的"不邪之色论"倘若再往前走一步，就是承认了卖笑，那么就可以说，儒教与公娼制度便在这一点上走到一起了。果然，我们从大田锦城的言论中发现了这一点。他说：

布匹原本都是方方正正的，然而光是方方正正的布就能做成衣服吗？有时必须斜着剪裁，才能做成衣服。世间万事都是如此，都是方方正正的，则难通难用。大到天下，小到个人，斜的东西都不合正道，但却能安邦抚民。举例来说，有人仅仅把女人看作是贞洁的化身，那些卖笑卖身的游女各处都有，都不合人间正道。然而今天看来，没有游女则不利于天下太平。她们既违背人间正道，又有助于世道太平。其他可以以此类推。悟得此理，则可明白无论斜行还是横行，无非都是仁道之一端而已。那些不懂大道的迂腐学者，只知道死抠义理，而远离世间人情，那都是无用的学问。(《梧窗漫笔》)

从锦城的语气上可以看出，这些观点应该是当时大部分儒者共通的看法。既然承认了"立嗣"之外的需求，既然认为满足这些需求是为了遏制色欲的泛滥，那么，不言而喻，这里就有了宽窄程度的问题。

不过，对情欲的宽容，至此已经是最高限度了。在个人的行为上，也有不少儒者超越了这个限度。而代表着时代良知的，则是官府所明确加以规范的东西。也就是说，游女仅仅是满足性欲需要的工具。假如越了雷池一步，这种男女之情就是应该被否定的了。在这个意义上，有人出于时代的良知而对沉溺于游里的人提出了警诫——

> 女子卖身是为生活所迫。那些卖色的女子，涂脂抹粉，尽显其色，穿绫罗绸缎，炫人眼目，带香荷包撩人嗅觉，诱使人落入圈套，毁掉其一生，或丧其性命，皆是不仁不义者。世人避而远之，称为"亡八"，意即将"孝悌忠信礼义廉耻"八个字都灭亡掉了，对此，唐人[1]深戒之。
>
> ……
>
> 涉足花街柳巷有七损：一是惹主人不高兴，二是坏自己名声，三是损害健康，四是丧失正心而增邪念，五是不走正道，六是不孝，七是损人。（曳尾庵编《我衣》）

当然，我们知道柳泽淇园对这些指责曾做过辩解，那是对时

---

[1] 唐人：指中国人。

代的正统良心的逆反，不能说是主流言论。在这一点上，上引《我衣》中的言论在那个时代是有代表性的。只是我们需要注意，在江户时代，与淇园相似的异端者还有很多，但这些异端者并没有遭到迫害，而是过着与普通人一样的生活。而且那些在言语上对游廓加以抨击的人，实际上究竟如何也不得而知，他们所表现的仅仅是一种良心上的紧张不安。他们对于情欲的批判，主要立足于利害得失的功利的立场，其言论不具备充分的权威，这也是不足为怪的。无可争议的是，这种思想越接近于节欲，也就越能为人们所接受，因而这种最保守的思想就具有了对性生活的放纵加以遏制的作用。大田锦城认为："女色之害，不可小觑。第一使身体羸弱，第二使人心志柔弱，第三使人产生骄奢之心、追求华美。世俗奢华皆是为了取悦女人，由一念而生无穷祸害，灭身、败家、亡国、害天下。古来亡国者，皆是由淫欲而生奢华，由奢华而生困顿，由困顿而生乱亡。"(《梧窗漫笔》)这里说的是女色与奢侈的关系，与托尔斯泰在《克莱采奏鸣曲》中所说的很相似，有一定的道理，值得一听。不过，我们需要特别注意的是，大田锦城在这里所告诫的"女色"，是指王侯贵胄沉溺女色、武士町人沉溺游廓而言，而关于两性的吸引和交往的问题几乎没有触及。

那么，大田锦城在上书其他章节中触及到这个问题了吗？我在《梧窗漫笔》中任何章节都没有看到。严格地说，不仅是大田锦城一个人，江户时代的所有儒学家都没有谈到恋爱观的问题。

这恐怕不仅仅是因为我孤陋寡闻吧。当然，在这个问题上，《独寝》的作者是一个例外。但是他的思想虽依托于儒教、出发于儒教，却又超越了儒教而导出了自己独到的结论，与正统的儒学是背道而驰的，终于走向了儒学的反面，而与浪荡行径归为一途了。他做了多数的儒学家想做而不敢做的事、想说而不敢说的话，自然他也不能代表那个时代的正统思想。问题是，我们要了解那个时代，就不能忽略这样一个事实，就是许多儒者仅仅是堂而皇之地谈论人生，却将恋爱问题加以抹杀，或者有意识无意识地、不问青红皂白地一律斥之为"可怕的女色"。

对江户时代的儒学而言，男女问题中最受关注的是在肉欲方面，儒者们训诫的主要内容，是肉欲的产生、肉欲的宣泄与协调问题。这种对于肉欲的态度，在主张修心的学者和主张经世的学者之间自然有宽严之差，但两者都主张将肉欲限制在最小限度，而主要专注于"立嗣"这一伦理目的，在这一点上他们似乎都是一致的。于是，儒学所希望做的，就是将性欲从自然无意识的种族延续，朝着与人的主观性欲相反的方向加以引导，将性欲与种族延续之间的距离缩短到最低限度。一旦人的主观性欲自然而然地与人生的整体价值相结合，使得有意识的快感体验在人生中占有重要位置的时候，就要去阻止它，并把它限定在人生中最不可或缺的意义（家族传承、香火延续、名誉、财产等）上来。因而，若用儒学最忌讳的词语反其道而用之，那么可以说，只要是性生活，其本身就会使人变成禽兽。

由此可以理解，儒学之所以将性生活的意义限定在最小限度，就是要使人最大限度地摆脱禽兽性，为此而排除一切阻碍。同时，把"立嗣"这一要求加以道德化，就是要与没有自觉的种族延续意识的禽兽截然区分开来。"放荡则乱心"，要使人类成为万物之灵长，就不能像鸡鸭猪狗等禽兽那样随心所欲地发泄性欲。种族延续的道德要求不允许人们对性生活采取游戏的态度，而是要严肃地加以规范，因为道德要求与游戏态度两者之间事实上是不可能调和的。然而，只要这些限制一旦形成，人的性欲本身就不再像禽兽那样自然和单纯了，在"立嗣"这样一种生物学的愿望之外，还必须与其他的人格因素相结合才行，这样就可以把"色念"的弊害减到最小。依我之见，儒学的性欲观，归根结底就在这里，此外别无其他。这种思想也明显地具有了一种文化的意义，它将性欲加以规制，在某种程度上是让人的能量转移到其他方面的文化创造上来。但性欲本身其实并没有向上提升之力。文化的整体的进步和提高有赖于性文化的进步，而要把性欲引导到文化创造的层面，则常常会带来一些问题。与性文化的进步关系特别密切的文艺创作，就在这方面常常遇到种种苦恼，这绝不是偶然的。

无力赋予恋爱以伦理的基础，就会使以上的道德教诲的权威性受到削弱。因为人的"立嗣"之道若没有恋爱或类似于恋爱那样的感情做基础的话，毕竟是不能圆满实行的。我们可以由一个心理试验较为容易地得到证实。请设想一下，假如仅仅把"立嗣"

作为唯一的动机而进入性生活，那么人的身心状况会怎样呢？即便是假定对异性是有性的欲望的，但也会缺乏男女之间的那种自然而纯洁的爱慕、对羞耻心的自然的逾越。只有作为一个独立的人，以自己的人格对异性寄托信赖与爱恋，充满心心相印的感情，才能使性生活摆脱那种屈辱感。假如事先没有这样的类似恋爱的感情基础，那么"立嗣"对于纯洁的处女而言，就是被强加的、必须完成的一种义务，对于纯洁的男子而言，也是被强制实行的一种义务。这种被强制的尽义务的屈辱悲惨感，毕竟不是"立嗣"这样一种天降的道德观念所能消除的。

而且，仅仅以"立嗣"为目的去结婚，假如婚后双方有幸产生了类似恋爱那样的感情，那也要长久地加以保持才行。如果结婚之前的恋爱被视为不道德的胡来而被排斥，那么为了"立嗣"的结婚就会产生屈辱感。为了麻痹这种屈辱感，就会不知不觉地寻求更为卑贱的理由和动机，对于女性而言，她就要牺牲自己的纯洁的爱心，找一个人把自己的一生都托付给他；对于男人而言，以娶妻养家为代价，等于购买了最方便地满足性欲的对象。为了给这种交易戴上道德的假面，人们常常以"立嗣"作为口实。这种情况不仅在江户时代，直到今天似乎也仍然不乏其例。"一个人总得要找一个伴儿"，可以说这句话模糊了事情的本质。只要把"立嗣"假定为男女恋爱的动机，就必然不再"近人情"，而是远离了人情。

不过，事实没有理论上主张的那样严重，因为人们一开始并不是严格地按照"立嗣"的要求行事的。少年为了解决性苦闷，作为一种例外实际上是被容许的，恋爱也在某种程度上被默认。未婚男女的恋爱，往往靠着家长对孩子的疼爱之心而得救。硬被撮合在一起的夫妻，依靠着夫唱妇随的情爱观念，也未必不能逐渐融洽相处。人们往往采取"君子远庖厨"的态度，对恋爱故意视而不见、充耳不闻，在这种情况下，恋爱才得以逃脱君子们的监视，而在"庖厨"中悄悄进行。那种理想的男女恋爱，在江户时代其实并不少见，但其存在的正当性往往得不到承认，也得不到保护。"立嗣"这一义务和"只为立嗣"这样的生物学的限制，随时随地都会使双方的心若即若离，阻碍着男女在人格上的趋近。即便是当时条件极为优越的男人，也会为门当户对的婚姻而苦恼（当然自己愿意娶门当户对的女子者又当别论），这种情形远比今日为多。在男方，为了"立嗣"，就要为了继承以男性为中心的家业，因而对妻子的要求就特别讲究。娶一个父母都满意的良妻——有时，那样的好女子屈尊嫁给他不免可惜——是他的福分。

相反，女方却因此而更加可悲。她越是才貌双全，她就越有可能被那些名门大户的纨绔子弟盯上，因而也就越危险。在重视家庭背景的时代里，女方往往"待字闺中"，而拒绝大户人家提亲的人，都可谓罕见的例外。在儒家的"三从"的道德之下，嫁出去，从一而终，即便没有爱情也罢，侍奉着无论如何也爱不起来的丈夫，在天降的道德、肉体的惰性、物质的利害、孩子与父母等错综复杂的纠葛中，或为了安于既有地位，或为了望子成龙，忍耐着、消耗着自己的生命，直到离开这个世界。这样的女性，何止成千上万！在将"立嗣"视为妻子之义务的时代，情况更是如此。那时，有一个诸侯在教育自己的女儿时竟然说出下面的话："在我国，除了有皇后，还有更多的妃嫔。听说按中国的古法，天子可娶十二人，诸侯可娶九人，卿大夫可娶三人，士可娶两人，这并不是因为好色或为了满足淫欲，而是为了生出更多的后代子孙。至于平民百姓，则是一夫一妻，但若没有孩子，也可以另想办法。既然为人妻，就要为丈夫物色女人，这是为了能够传宗接代，若是只为了一人的爱，而去排挤其他人，岂不是很浅薄无耻吗？"（伊达吉村《足之下根》）

诚然，男人的多妻倾向，古往今来恐怕都是一样的。无论在何种社会制度下，无论是男尊女卑的等级时代，还是自由主义的时代，抑或无产阶级专政的时代，两性的悲剧都有可能发生。但江户时代的特殊之处在于：只要女性的心稍有活动，就会使悲剧成为常态。当男人的心在众多女人身上流连四顾的时候，女人是不会把钟情的男人作为可信赖的对象的。真正的爱应该坚贞不渝，即便说不定未来会如何，只有当男人明确否定多妻倾向的时候，相互的爱才能成立。对于把"只爱一个人"作为无上幸福的女性而言，男性的多妻倾向不会令她感到满足。女人的恋爱在逼迫下往往以单相思而告终，而嫁为人妻的她则会死心塌地地侍奉丈夫，只是为了家庭平安无事，而静静度过一生，这是一种普遍现象。

如今，我们仍能从老辈人的嘴里听到"女人爱慕男人是无耻的"这样的话，可以为这一看法提供佐证。要在这种悲惨的境遇中保持灵魂的纯洁，那就只有要她成为无知的圣女才行。"立嗣"之教，实际上就是女性的地狱。她们的幸福只有在这个原则之外才能找到。那时，被迫在"苦界历练"的绝不只是妓女，因此，"达官贵人的妻妾被人偷了"这样的事也层出不穷，这绝不是丰后节中所吟唱出来的，而是在男女礼教的时代里酝酿出来的。在家庭中深感不幸的女性，追求着恋爱的幻影而求得救赎，是理所当然的。在我们今天看来，当时的女性既然都是那么忍从，而"被偷"的事情却屡屡发生，真可谓咄咄怪事了。

"立嗣"之教的堕落不仅仅在于它不能赋予恋爱以伦理基础，而且还会使不期而然的性欲（特别是男人的肉欲）得到放肆的宣泄。这是因为"立嗣"之教本来就是将性生活作为肉欲的一面来看待，而且有时候它会把从精神生活中抽象出来的肉欲，作为一种例外加以容忍。毕竟"唯有立嗣而已"的说教并不具备作为一种人生理想的充分资格，因为完全意义上的理想，应该将分别实现的普遍性排除在外，而必须具备作为一种要求的普遍性。那是在一切场合都被要求的，不论实行中会出多少差错，也绝不允许有例外出现。即便同样是远离人情，托尔斯泰的"贞洁说"就具备了这个条件，这是因为贞洁并不是所有人都能完全做到的，但它可以作为一种无限的追求而适用于所有的性关系。也就是说，在当下的性关系中，无一例外都应该努力贯彻兄弟姐妹之间的那种纯洁的爱，这是一种永远可追求的理想，在千差万别的情况下指导着当下的男女性关系。然而"立嗣"之教却不具有这样的普遍性，它只是要求男女之道在于"立嗣"，至于出于其他的理由而偏离这个要求者，则作为一种例外加以容忍。只要这个理由是与"立嗣"的理由有所不同，那么"立嗣"之教则完全丧失了对这种例外加以指导和规范的权威资格。其结果是，假如是出于肉欲要求，那么它就会将此作为一种例外加以容忍。

当然，"立嗣"之教固然并没有直接教唆人们多淫纵欲，但人一旦偏离了人情之道，使肉欲的满足成为一种心理习惯，那么肉欲的发泄常常是不可遏止的。因而在那些顽固的性欲限制论者中，就容易出现《红楼梦》中所说的那种"皮肤滥淫之蠢物"[1]。这类"蠢物"就如同世人所说的"还俗的和尚"那样，为自己做种种辩解，说是为了遵从古老的"立嗣"之教，实则是在理智的指导下耽于变态的放纵。这种行径甚至连"意淫"中的那种性欲美化的冲动中所伴随的精神性都不具有，因而也不具有文化的生产力。

江户时代作为性欲美化之道场的妓院，就受到了这种堕落的儒学思想的影响。一方面口念先王之道，一方面又在精神和行为上成为"皮肤滥淫"之徒，俗儒的这种分裂的二重生活，既堂

---

[1] 皮肤滥淫之蠢物：出典《红楼梦》第五回结尾警幻仙姑对贾宝玉说的一段话，"淫虽一理，意则有别。如世之好淫者，不过悦容貌，喜歌舞，调笑无厌，云雨无时，恨不能尽天下美女供我片刻之趣兴，此皆皮肤滥淫之蠢物耳。如尔则天分中生成一段痴情，吾辈推之为'意淫'。……"

德川时代的文艺与社会　　217

而皇之地无耻地放纵着自己，又自觉到自己的浪荡而感到羞愧。在这些人之中，性堕落都指向了这样一种特定的方向。由此可以说，江户时代的性颓废，是儒学的良心与卖笑的交媾而生出的私生子。

我这样说，绝不是要否定江户时代儒学的社会贡献。在江户时代，为了维护社会的繁荣安定，需要借助学术的普及而使生活更为意识化、人心更为伦理化。在那时已有的各种学说中，采用更贴合社会实际的儒学作为指导思想，绝不能说是一种错误的选择。儒学对人心的开发和伦理意识的进步所发挥的巨大作用，只要是公平地对事实加以观察，是任何人都会承认的。即便在性欲生活方面，儒学也是有功绩的。它将此前性方面的无耻，某种程度地加以教化，为防止性泛滥而构筑了一道堤坝。按照儒学精神建立纯洁的、有品格的家庭者，在学者和知识阶层中也不乏其例，这是不争的事实。只是儒教在性生活的解释中存在巨大缺陷。这种缺陷不是单单由见识狭隘或低下所造成的，而是缺乏对两性感情的微妙体察，缺乏对性文化发展方向的把握，即缺乏体察的精度与深度。这种缺陷与此前的性无耻的惯性结合起来，便造成了一种特别的性的颓废浪潮。我上文所作的考察也明确说明了这一点。

在正反两方面看，儒学无论如何在建构时代的伦理意识方面都取得了成功。随着儒学的影响扩大，人们甚至形成了一种思维习惯，就是对一切与道义无关的东西都不加认可，在这方面甚至达到了滑稽可笑的程度。我们考察的就是在这种背景下产生的性堕落。我们注意到了，一方面人们容忍与"立嗣"意义不同的性行为，同时这实际上也是主流思潮中的一条支流。他们试图把情欲与恋爱这种性生活本身的东西，与仁义礼智信这样的道学的东西结合起来，以获得存在的理由。于是，就产生了与《万叶集》和《源氏物语》那种质朴自然、含蓄柔婉的恋爱全然不同的恋爱模式。

在这方面，最典型的例子就是泷泽马琴，而比较通俗的作品可以举出江户时代末期柳亭种彦的《赝紫田舍源氏》[1]。起这样一个书名无论作者是出于何种意图，都不能说明他是出于谦逊，实际上，这个书名很好地利用了虚与实的关系。"源氏"为什么是"田舍"的，是"赝品"呢？这可以举出许多的理由来，但是，在将《源氏物语》的幽趣微妙加以粗杂化这一点上，它确实是极为"田舍"的。假如不将主人公的好色加上寻宝刀、忠君之类的情节，人们恐怕就不会买账了，在这一点上"源氏"可以说是一个"赝品"。这种情况，若不提儒教的影响浸润，便无法得到说明。因而，必须把我们所论述的性颓废问题，作为当时思想主流中的一个侧面，才能得以理解。

---

[1] 田舍：日语为乡村、乡土之意。

井原西鹤及其《好色一代男》[1]

……

这个春假我在写作本书的时候，我最先想写的是藤本箕山。藤本箕山这个人的存在，对我来说实在是一个惊诧。我认为，搞清藤本箕山这个人及其著作，是理解江户时代不可思议的文化现象的一把钥匙。……对我来说，看重箕山的另一个理由，最初是想把他与西鹤相比较。这次，我想把这个问题深入探索一下，首先是找来西鹤全集、西鹤文集，并反复加以阅读，然后参阅手头的两三种关于西鹤研究的参考书，并试图将两人加以比较研究。然而在阅读思考中不知不觉时间到了，我必须动身回去履行我的本职工作。在对箕山做深入研究之前，我着急写完本书，因而不得不把箕山的研究延迟到暑假。像这样断断续续的研究，是我这样的作为业余爱好者的外行人的可悲之处。现在的主题将变为井原西鹤及其《好色一代男》，想写成多少具有某种系统性的补遗

---

[1] 本章属于《前编》与《后编》之间的"补遗"部分，该部分共有 7 节，以下选译第 1—5 节。

的片断札记，对此，请有识之士原谅我这个业余爱好者的浅薄。

在我写作关于井原西鹤及其《好色一代男》这一部分的时候，想阅读的许多材料有一大半没有弄到手，这是我乞求读者原谅的。在我阅读的文献材料中，最成体系的是片冈良一的《井原西鹤》。片冈在这部书中所引用的文献，我大约百分之六十没有看过。造成这个缺陷的当然主要是我的时间有限，但更为重要的原因是在仙台这个偏僻之地，那些没有整理出版的"假名草子""评判记"和虽有出版但又已绝版的稀见的古籍很难搞到手。这篇东西主要以常见的活字版和"狩野文库"中的几种版本为材料，加上自己的心得而写成……

这里顺便说一下片冈氏的《井原西鹤》。我所注意到的明治以降的关于西鹤研究的文献，除了片冈的这部书之外，还有《近世列传体小说史》中的水谷不倒执笔的西鹤传。我认为，在片冈氏大量引用的各种文献论文中，像这样精致、锐利、周到、富有同情心地考察西鹤一生的著作，此外再也没有了，因而该书在西鹤研究史上是值得记忆的业绩。要说这部书的缺点，就是作者的头脑太精明、体系太严谨。就现在的问题而言，我在考察《好色一代男》的时候感到了该书的令人遗憾之处。但不管我跟他的意见有多么不同，我觉得像他那样理解西鹤，还是很值得推崇的。比较而言，片冈良一的研究进步多了，但这不是片冈个人的进步，而是整个时代文学研究之进步的一个体现，对此，我们当代人应该拥有充分的自信。在我以下的论述中，我对前辈的看法与我的看法有哪些不同，不再一一指出，这是因为过分拘泥他人的意见会影响自己的径直的表达，但这绝不意味着我无视前辈诸位的研究成果。

《好色一代男》是长篇小说，还是"游女评判记"，抑或是短篇小说集？如果把它作为长篇小说来看，则主人公的性格缺乏一贯性，也缺乏一气呵成的完整性和自足性。它只是显示了长篇小说创作的一种萌芽状态，但这个萌芽由于其他因素过多而受到了妨害。如果我们把它作为通常的"游女评判记"来看的话，它对具体的生活场景又充满着生动的饶有趣味的描写，虽然绝不缺乏"评判"的或者好奇心的因素，但这却不是《好色一代男》创作的主要动机，而是服务于主要动机，使之充满生动性的一种次要因素。无论次要因素如何发展，都不能成为作品形成的动因。假如我们把它看作是短篇小说的集合体，但我们又明显可以看出作者有着比这更高的追求。这是因为全书有世之介这个贯穿始终的主人公，而且是以主人公的年龄推进来谋篇布局的。在外在形式上，作者有意识地特别突显长篇小说的特征。假如我们不是按照作者所凸现的特征来评价这部作品的话，那么我们究竟从什么角度来鉴赏它呢？这不仅仅是作品的体式分类问题，而是作品的鉴赏解读的根本视角问题。这个视角不可能从《源氏物语》中获得，也不可能从《枕草子》或《徒然草》中来获得，近松的《天网岛》不必说，就是西鹤的《好色五人女》也不能成为评价《好色一代男》的基准。我们只能从日本文学（特别是江户时代的文学）的发展过程中，在西鹤本身的创作过程的演进中，从创作过程中的未成熟、矛盾，以及创作力的角度加以解释。我认为，《好色一代男》是"游女评判记"与长篇小说的联姻产生的Homunculus（婴儿），是长篇小说的不足月的早产儿。而且这个日本的早产儿正如有着一连串关节的蜈蚣一样，每一节都有相对独立的形态。这其中有一个"Idee"（理念），但是这个理念并不是靠描写世之介这个主人公一生中与若干人产生相互关系而形成一个完整的世界来实现的，这也绝不是作品内部机制出了问题，而是将每个独立的关节都赋予独立的不可思议的生命，以此来充分实现这一理念。

因而，《好色一代男》的艺术价值在于，它超越了并不成功的长篇小说的外形，而将若干短篇小说穿成一个花环，来明确表现自己的理念。而主人公世之介所带给小说的统一性，是极为表面、极为皮相的。若从主人公的统一性这个角度来看《好色一代男》，则作品是非常粗糙、破绽百出的。而从内部来考察作者的创作动机并以此来解读作品，则《好色一代男》的主人公其实是"浮世"。更严密地说，是浮世的一个侧面的"好色"，而绝不是体现浮世和好色的、作为个人的世之介。用更为学术化的语言来说，这部小说不是以Typus（类型），而是以Gattung（种）为主人公的。这个"种"作为一部异彩纷呈的短篇小说集，就像万花筒一样保持着统一性。以下我想阐述的，主要就是这个问题。

那么,《好色一代男》在何种程度上含有长篇小说的萌芽呢？依我之见，可以从以下几条中看出：

第一，第一卷所描写的世之介，从七岁的时候"开始懂得恋爱""十二岁时就已经变声，已经像是一个成年人……一点也不羞涩"。这个世之介并不是一个性异常者，或者性变态者的代表，而是一个超乎常人的异常早熟的男人，他在这个方面的成长和发展引人注目。世之介的成长过程并不是作为一个个体的成长过程，而是作为性早熟者的一般的发展过程。只有注意到这一点，我们才能理解为什么说《好色一代男》是一部长篇小说。

第二，五卷以下，到写世之介花大钱嫖太夫，作为长篇小说的情节结构已经显示出来了。被断绝父子关系而在外飘荡的世之介，是嫖太夫的准备阶段。那个时候他与"若众"、各地的卖淫女，以及各阶层的良家女子的接触多，还没有去嫖太夫的必要。三十三岁时陪同大财主梦山踏入吉原的时候，却被随从善吉抢了风头，自己遭到了敲大鼓伴唱的游女的拒绝，于是非常懊恼。这个事件使世之介的好色生活，形成了被断绝父子关系之前和之后两个阶段。看来作者最初就设计好了布局，这是没有任何疑问的。

第三，让世之介最后去女护岛，也是作者精心的构思。从他二十五岁时在越后寺住宿与游女调情，到自己大财主似的一掷千金，令偏僻的当地游里大为惊讶。作者通过一个把世之介送上船的女人对世之介的耳语,暗示出世之介最后的归宿:"您可不像是日本这块土地上的人啊!""世之介虽然很注意这句话,但不明所指何意。"如果说这段文字不是为世之介最终去女护岛埋下的伏线,那又是什么呢?

第四,需要注意的,卷一写的是世之介好色的起始,到了卷八就写到了他好色达到了老熟的境界,但到了五十六岁以后,世之介在好色上就不再尝试新的开拓了,而是进入了帮助别人玩、自己在一旁观看并以此为乐的阶段。当然这并不意味着世之介已经放弃了色恋,他在去长崎的途中还与大阪的野小子们玩耍,在长崎的游廓还把京都、大阪、江户的太夫人偶拿给别人观看。这些都显示出他进入了自得其乐的、平和恬静的心情,最终到达了好色之境。他用"从前吉野太夫遗留下的纪念之物——贴身裙"做了一个鲜红的皱绸风帆,登上了不知所终的"好色丸"船,漂向无垠的好色之道。这一描写也体现了作者在整体结构上的用心。

第五,就这样,作者描写了世之介幼年的好色及其成长,好色中遇到的挫折与痛苦,好色的成就与辉煌,好色的老熟和无限的追求。这几个阶段就形成了这部小说的基本构思(conception),这是我们不得不承认的。其中,也有局部的场景的转换,例如二十九岁那年在信浓无端被投入牢狱,又意外看见了自己想念的那个女人的尸体,于是领悟道:"这个世界无非是由五行构成,人的生命最终要归还给阎王爷,算起来我活了三十年了,其实就是一场梦。今后前途在哪里呢？"对此，通过三十岁的他在最上寒河江居住时，睡梦中遭遇的刀光剑影，就可以想象了。

通过以上梳理，《好色一代男》作为长篇小说的谋篇布局就很清楚了。但是，长篇小说要有长篇小说的艺术特色，不仅仅需要有一个框架结构，还要写出人物性格和故事情节的自然的流动和必然的发展。《好色一代男》有必然的发展逻辑吗？在我看来，要在一段段的插话中见出必然的联系，去寻找作品中本来没有的东西，那是白费力气的。作者的兴趣主要在于列举出一桩桩的情事，满足于场面的变化并使事件复杂多样，而对内在的联系和发展逻辑却不甚措意。西鹤只是兴致勃勃地在长篇小说的框架中，塞进游女评判记或名胜见闻记，这就是《好色一代男》不能成为艺术性的"Novellenkranz"（小说之光）的原因所在。当然，作者的好奇心和对个别事件的趣味，都由"好色"这一主题统一起来，编成了一个花环，但这种统一性还不足以使它成为一部真正的长篇小说。

在《好色一代男》中，不可能也没有理由将以前的"评判记"这种样式原封不动地接受过来，并使这种样式在作品中发挥主要作用，这是因为"评判记"原本的性质是评判，而不是具体的描写。在《好色一代男》中，固然也有对游廓、游客深刻彻底的剖析评判，与历来的"评判记"有些类似，在这一点上，它甚至超越了藤本箕山的《色道大镜》。然而西鹤的创作目的不在于评判，而在于对好色生活的种种样相加以表现,评判只不过是作为表现的背景,是材料的选择、突显与构成的一种指向,或者是借此表达一种感想、一种看法。西鹤有强烈的"浮世草子"的创新意识,将"评判记"本来所具有的"评判"的使命尽可能推到后台作为背景,而将切实的描写鉴赏和玩味置于正面来加以表现。在这个方面,西鹤取得了引人注目的成功。所谓"评判记"最后都会走向两条歧途,一个是写成了冶游指南或写成了戒嫖的教训,一个是津津乐道地夸耀自己是"通人"。西鹤把这两点都克服了,他通过具体的描写很好地表现了对色道的玩赏、玩味和憧憬。表现出此前所没有的艺术表现的纯粹与彻底,在这方面西鹤的功绩是不可抹杀的。同时我们也不能忽视作为理论家的箕山与作为艺术家的西鹤之间的显著的不同。我们更要看到,西鹤在从"评判记"到"浮世草子"的转变的时候实现了一种道德上的超越,这需要伦理观念上的勇敢大胆,在当时的精神生活中,西鹤的创作的意义就显得更为重大了。

那么,所谓"道德的超越"是什么呢?那就是超越了世俗的道德,不要假面、不找借口,而一头扎进好色世界中的那种勇气,是将一切理想、空想、梦想都融化到鲜活的现实生活中,将色道的乌有乡描写出来的那种大胆。当然,在其深处所蕴含的西鹤的那种冷静锐利的现实感,使得他不能像一个多情善感的浪荡儿一样沉湎其中,这就自然而然地产生出一种游于色道而又不能沉溺于色道的训诫。这种训诫的色彩在《好色一代男》中已经有了萌芽，到了《好色二代男》中表现得就更为显著了。但这种训诫是在好色生活中自然而然产生的，与他律的、拘谨的世俗道德观念是颇为不同的。从人生的正道上看，这种飞跃、这种大胆是如何需要鉴别和批判，这又当别论，不可否认的是它与新的时代精神的发展（特别是町人文化的勃兴）有着深刻的必然的联系。在这个意义上，西鹤的好色文学与藤本箕山的著作再次殊途同归了。西鹤在箕山的《色道大镜》的起步线上走出了一大步，同时又以游里勃兴的时代现象为其背景，这一点是需要我们记住的。特别是《好色一代男》是西鹤在这方面的处女作，是将色道加以理想化描写的最为突出的作品。《好色一代男》中的种种特点也都可以从这一中心点得到解释。既然他没有任何回避地描写了性爱的机微，把性爱作为一种单纯的游戏玩乐，那么他对性爱加以辩护就是必然的了。他在世之介的性格描写和整体生活描写上有种种疏漏，是因为他的中心目的不是描写人物性格，而是表现浮世或者好色的种种样相，考虑到这一点，那也就不足责怪了。在人物的整体生活中特别强调好色的一面，在种种兴味中仅仅集中于好色的"情种"方面，于是其关注点便自然地脱离了作品整体的统一性，便带上了一种短篇连缀的性质，这应该是必然的归结。……

"评判记"的性质是评判。然而对于以游女为对象的评判记，如果不能对不同游女的特点特征加以冷静的、具有理性色彩的评判，就会流于低俗。只要是有享乐的动机，或有一定的享乐动机，那就必然会具有强烈的好奇心。在这一点上，游女评判记与贯穿整个江户时代的名胜记、指南、见闻记等都有着内在的联系。名胜记、见闻记是基于一种好奇心，在广泛旅行的基础上将世间百态加以描述的一种文学样式。

当然，江户时代的这类文学作品，兴味虽很广泛但却失之于肤浅，大多数作品见识不高。但假如深入地加以分析的话，也可以看出其中包含着浮士德式的、体验一切（Alles Leben）的冲动。尤其是在时代精神处于朝气蓬勃阶段的时候，在享受歌舞升平而又享受得得心应手的时候，由于交通方便，异地的风气人情传入，使人耳目一新的时候，人们心中的内在和外在的旅行欲——通俗地说就是去各地走走看看的欲望，就是漫步世间、耳闻目睹，体验并享受人生种种乐趣的欲望，就会使人跃跃欲试起来。仔细收集会发现这方面的作品很多，而较为容易看到的，就是德永种久的《色音论》（又名东巡）（宽永二十年版）、浅井了意的《东海道名胜记》（万治年间版）等，都是此类文学中的初期的代表作。而见闻记又与好色趣味相结合，更为满足见闻记读者的好奇心，正如《满散利久佐》的著者所理想的那样："要把好的写得更好，把不好的写好。"好奇心导致评判记的出现，这可以从德永种久的《吾妻物语》（宽永十九年版）中明显看出来。这样的评判记比起单纯的游女评判记来更有文学意味。而这些又与作者的告白式的动机相结合，在西鹤之前形成了一种小说雏形，例如，从我案头上的一部作品——以带有师宣的插图和记载万治高尾死亡年月而著名的《高屏风管物语》(万治年间版)就可以看出,这类作品是确实存在的。《好色一代男》中所继承的评判记的传统,其实就是这种评判记加见闻记,也许可以说,比起评判记来,见闻记的因素表现得更为明显些。从文学的价值上说,《吾妻物语》《东巡》《东海道名胜记》《高屏风管物语》或者天和三年的《岛原大和历》等,与《好色一代男》相比还是差得太远。因而我们不能不惊叹于西鹤在文学上的独创性,但无论如何,这种独创也不是横空出世,而是有着时代基础的。

井原西鹤在内外两个方面都具有旺盛的浮世旅行欲,这一点无须援引其他作品,只从《好色一代男》中就可以看得很清楚。世之介的色道修行的足迹,西从长崎,北至仙台盐窑酒田,从结交的对象来看,"五十四岁前交好的女子三千七百四十二人,少年七百二十五人。这可以从其日记中知道"。从这些人所属的阶层来看,女性有女佣、侍女、小姑娘、人妻、寡妇、尼姑等良家女性,更有澡堂的搓澡女、旅馆女招待、莲叶女[1]、县巫子[2]、化缘的比丘尼、端女郎、天神、太夫的形形色色;男性有

---

[1] 莲叶女:江户时代在京都和大阪之间的批发店里接待客人的女子,后来也指旅馆中的下女。

[2] 县巫子:在各地辗转化缘消灾驱邪的巫师。

野郎[1]、飞子[2]、香具卖[3]、寺小姓[4]等，那个时代所能玩的所有项目他都尝试了。当然，如果把书中所描写的一切场面都看成是作者的直接经验，把作者看成是世之介那样的好色的怪物，那是不对的，实际上这作为单个人是完全不可能做到的。他抱着无所顾忌的游戏态度，把他所能想到的一切浮世的游戏都写到了，由此可见他的"体验一切"的欲望是何等的旺盛。这种兴致勃勃的见闻记的趣味，要在长篇小说的构架中加以表现，那就如同驾驭一匹可怕的野马。《源氏物语》的时代已经远去了，作为一个小说技巧极为幼稚的元禄年以前出生的井原西鹤，驾驭这匹悍马实在有点力不从心，这是完全可以理解的。《好色一代男》之所以带有短篇连缀的性质，原因也在于此。

顺便说一下，世之介所游玩的地方，未必是西鹤亲自去过的地方，对此我在这里可以举出一个例子，就是第三卷中的《木棉袄也是租来的》，开头写道：

干鲑鱼要在霜降以后吃。那年冬天佐渡岛上没有谋生的门路，世之介就托出云崎的一位老板，替自己找了一个卖鱼的活儿，于是就越过北国的群山去卖鱼。今年他二十六岁，春天他初次来

---

[1] 野郎：出卖男色的人，男妓。
[2] 飞子：四处游动的年轻男妓。
[3] 香具卖：表面上做香道用具买卖、实则卖色的男妓。
[4] 寺小姓：寺院中的年幼的男性勤杂工，有的也是男色的对象。

到酒田这个地方,这里是海滨,樱花像是一片海洋。一首和歌吟咏道"钓舟游荡于花海",赞美的就是这个地方。从寺院门前远眺,化缘的比丘尼念着经文走过来了。

这里明显是把酒田与象泻两个地方混同了。这两地之间相隔有十几里地,对于江户时代的徒步旅行者来说,混淆两地几乎是不可能的。在后来的《惜别之友》中,象泻这一名字才与"钓舟游荡于花海"这首和歌结合在一起,假如这是在芭蕉的《奥州小道》写出之后才出现的,那也不足以证明西鹤一生中曾来过这个地方。可以肯定,西鹤写作《好色一代男》的时候是不知道酒田这个地方的。这本来是细枝末节的小事,然而就是这种最像是事实的事实,他也是靠道听途说或空想虚构出来的。看到这一点,我们就可以知道《好色一代男》中事实与虚构之间是有距离的。至于他和知名妓女的关系在后文中我们还要谈到。不管怎么说,这种距离的存在为我们确认他的构思方面的想象力,提供了有力的证据。

……

【后编】

井原西鹤与好色文化[1]

1

井原西鹤的文学对性爱文化的贡献表现在哪些方面呢？在他对性爱文化的诸多方面的贡献中，最为基本的是什么呢？总体看来，那就是他所表现出的对女性美的敏锐细腻的官能的开发，还有陶醉于其中的那种热心。作为例证，我想引用《好色一代女》卷一《诸侯的宠妾》中的一段描写。写的是为诸侯主人四处选美的一位老人，对人说："要大体上按这幅画上的标准来选。"说着便"从直木纹的字画箱里拿出一卷美女图"——

打开一看，首先年龄都在十五岁到十八岁之间，脸庞要具有现代风采，稍有些圆。脸色像是淡樱花，五官端正，毫无缺陷。不喜欢小眼睛，而要浓黑的眉毛，宽阔的眉心，挺直的鼻梁，樱

---

[1] 本章属于《后编》，总第32—36节，以下选译第34—36节。《后编》各章均没有章名，只有各节名称，本章名称由译者所加。

桃小口，洁白整齐的牙齿，稍长的耳朵。耳翼不能过于肥厚，要透明发亮。额部自然而不拘谨造作，颈项光洁舒展，脑后没有拢不上去的头发。手指细长、指甲要薄，脚长八文[1]三分，大脚趾要跷起，脚板不得扁平。要比一般人长得高，腰部不得呆板，不得肥圆，臀部宽阔，身材体段和穿着打扮漂亮得体，姿态气质俱佳。性格和善，精通琴棋书画，身上一个黑痣也不能有……

这种罕见的理想化的美人，在偌大的城市中也是难以寻觅的。需要注意的是，在上述标准中，对于心灵方面的要求不多，这在特殊场合下也许是很自然的。不管怎样，上述一段文字给我们最深刻的印象，就在于对女性姿态美的鉴赏是极为精到的。当然，这种精到的鉴赏是有其传统的，其背景就是长庆年间以后发展起来的妓院文化，是由藤本箕山的《色道大镜》及其他"通人"所奠定的审美趣味的结晶，并不是西鹤个人的独创。其中写到的那种"美女图"肯定在西鹤写作之前就有了，那么它究竟出自哪位画家之手呢？团氏旧藏的《汤女图》具有遒劲的线条和对形体的直截了当的把握，肯定是西鹤之前的作品。菱川师宣的版画美人也继承了这一系统，但过于质朴了些，缺乏西鹤所描写的优美柔婉的风韵。稍后的京都画家祐信笔下的女人偏胖，与西鹤的《美人图》趣味不一致。一方面，它与被推定创作于宽文年间

---

[1] 文：日本鞋袜的长度单位，一文合2.4公分。

的帝室博物馆收藏的《舞妓图》和大关氏所藏的《若众图》在趣味上较为相通；另一方面，与后来出现的石川丰信绘画中的脸部、鸟居清长绘画中的颈项和腰部都较为接近。可见，西鹤式的审美理想在女性美的鉴赏史上是承前启后的，具有一定的创造性。我们可以说，西鹤文学中那种不失优美的生气、不失健康的柔婉的女性美的鉴赏趣味，是绘画作品所表现的女性美的间接的结晶。

另一方面，这种间接的结晶，可以帮助我们鉴赏浮世绘美人图中所包含的女性美的特质。因为它通过语言的描述，提醒我们注意哪些部位在视觉之外，能够引起人们的关注和感动。换言之，它用语言暗示出了理想的女性美是如何产生的。正如浮世绘画家的代表作，如歌麿初期作品所深刻表现的那样，西鹤笔下的女性美主要并不体现于单纯的视觉形象上的几何学对称性。在人体美的鉴赏中，色彩的要求已经在西鹤的女性美观念中产生了。脸色的"淡樱花色"不用说，牙齿要求整齐"洁白"，对耳朵的要求是"耳翼不能过于肥厚，要透明发亮"，这与几何学上的要求完全无关，含有一种在阳光下可以透视的那种红润色。然后是脸微圆，脖子要"舒展"，手指细长，指甲要薄，脚要小，大脚趾要跷起。这些对形体上的理想的要求都不单单是几何学的美，特别是"腰部不得呆板，不得肥圆，臀部宽阔"这样的要求，暴露了西鹤对女性美的最后的归结。他不是单纯靠视觉，而且还凭借触觉感受对女性美加以想象，从性刺激及性陶醉这一根本之处来鉴赏女性之美，这一点我们可以在西鹤的其他作品中找到例证。

例如,"那个太夫……的脚脖子简直夺人魂魄,而且大脚趾跷起,色泽光艳。头发稍打卷儿,真是无可挑剔呀!"(《好色二代男》卷四)对"大脚趾跷起"这句话我们不能忽视,而且,他从这"跷起"的大脚趾中发现了"色泽光艳"。关于"大脚趾跷起"和"头发稍打卷儿"这两点,西鹤在其他作品中也反复强调并加以赞美,由此可见他对此种身体特征是多么着迷!当然,我们也不能因此断定西鹤是从狭义上的性欲来看待女性美的。但是有一点可以肯定,就是他的女性美的观念,是以女性身体——灵与肉相统一的女性之生命——对男人的强烈吸引为基础的。

西鹤的这种女性美观念,是直接地陶醉其中而罔顾其他的那种痴迷,理解这一点很是关键。无论是淫妇、荡妇还是悍妇,只要是"美妇",就立刻摄入眼中且心向往之。他的所谓"心魂"便摇摇荡荡地扑向美人。同样地,女人对男人也无不同。这种情况下的男女相爱在《好色五人女》特别是第一卷中的小夏和清十郎的故事中可以清楚地看出来。那清十郎"生就一副英姿俊貌,比古画上的美男还漂亮。他耽好女色,从十四岁那年的秋天就涉足花街柳巷",迷倒了许多游女,甚至有的游女还想与他一起情死。虽说"清十郎相貌潇洒,脾气温和,精明能干,很讨别人的喜欢",但在西鹤的笔下,小夏并不是因为清十郎性格上的优点才爱上他的。"时年十六,喜爱美男,如今还未嫁人"的小夏,对清十郎这位美男一见钟情,对于普通女子所担心的清十郎过去的所作所为,还有他身上放射出的好色的光焰,却更加吸引了她。

"无论是哪个女子，一旦相思起来都是很痴情的。不知不觉间，小夏爱上了清十郎，从此以后她昼夜苦苦思念，灵魂离开了，身体投入了清十郎的怀抱，说话时也颠三倒四，叫人莫名其妙。春花秋月，视若无睹；冬日雪落，不见其白；夏日杜鹃，不闻其声。何时是盂兰盆节，何时是春节，她早已前后颠倒。爱情在她的目光中，在言谈的细微之处都显露出来。"

对小夏，清十郎最初是被动的，但是但马屋那个店家的女人们，甚至包括看孩子的乳母都来勾引他。于是，"清十郎在这些深情厚意的包围之下，或喜或悲，自然而然地对商店事务疏怠起来，穷于应付香艳之事，后来觉得很厌烦，变得像半夜醒来的人似的惘然呆滞。可是小夏却托人不断地送信来。清十郎也头脑发热，倾心于小夏。但在这个人多眼杂之家，不能偷偷行事，所以两人都很难耐。恋能伤身，清十郎逐渐消瘦下去，漂亮的容貌也日见憔悴，无可奈何。渐渐地，以互通声气为乐，心想：生命乃万事之本，只要活着，终究会成眷属，如此相互鼓励。"在小夏的嫂子的严密看管之下，两人开始了宿命的恋爱。

于是，这种恋爱终于有了发展。他们从姬路私奔，原本是打算"到了大阪，在高津附近租借个房间，雇个女佣来伺候着，和小夏睡上五十几天，身也不翻，谈个痛快"。被捕的清十郎在牢房中，"无数次地把舌头紧紧贴在牙上，闭着眼睛"，但恋情还是难以克制，他的愿望是："多想再最后看一次她那漂亮的身姿啊！"然而，这对美男女燃烧的肉欲官能之恋，到了最后，清十郎为了小夏像"失魂落魄一般",接近了超我的境界,"被投入狱中的清十郎,开始过悲苦的日子,却全然不想自己,而是不由自主地喊:'小夏,小夏!'"清十郎死后,小夏出家为尼,"成了一个罕见的比丘尼",人们认为这很难得,都说"大概是传说中的中将君[1]再生了吧"。然而这样的结局是当初始料未及的,没有到达应有的终点。"两人开辟了一条恋爱的新河,在这河里做舟漂流,最终却像河上的泡沫一样消失了。"这就是西鹤的总体看法。

不过,我绝不是坚持说西鹤的恋爱观中没有心性的要求。实际上,在西鹤那里,所谓"心性"在恋爱中还是有着重要作用的。小夏因清十郎以前的风流韵事而感到很有吸引力,就是出于对她的恋爱对象心性的理解,因为擅长搞恋爱与心性活动的能力原本没有什么不同。她不要求对方过去有多纯洁,而是希望在与这样的对象的相处中,得到更多恋爱的磨炼与能力。男人对于游女所感到的那种特别的诱惑,其实女人在男人身上也同样会不断地感受到。至此,西鹤对女人心性的特别要求,我们就有了切实的了解。对于他在《好色一代女》卷一中的《诸侯的宠妾》一节所写的那些关于女人心性方面的条件,也就能够有更好的理解,"姿态气质俱佳。性格和善,精通琴棋书画"。这里所要求的,是技艺方面的水平和造诣。这显然不是对尊贵的大家闺秀的要求,而

---

[1] 中将君:平安王朝时代右大臣藤原丰成之女,十六岁时出家为尼。

是《好色一代男》中描写的许多名妓所具备的。作为理想的恋爱对象的女人，必须具有高雅（Vornehmheit）的气质，必须叫人觉得可爱，同时必须心灵手巧。有了这些心性的条件才能在美之中增添韵味。

通过以上分析，我们看到了西鹤在对这种心性的理解上是如何深刻，描写是如何细致，又如何赞赏有加的。西鹤恋爱观的基础是对异性肉体之美的迷恋与倾倒，然而在这个基础之上，他又表现出男女之间灵魂与灵魂的交融，描写了爱及爱中的静观和幽默。西鹤对恋爱文化的贡献，也主要表现在这一方面。江户时代的恋爱意识由他而得到了深化，由他而到达了自觉的阶段。

2

以上我们谈了西鹤的恋爱观对心性的要求，同时这也证明了他的恋爱观中缺少狭义上的伦理要素。什么是狭义上的伦理要素呢？就是把恋爱置于整体的人生与社会文化中，强调通过义务与使命意识来寻求它与整体人生和社会的联系，必须具有服从人生义务的坚定意志。而在西鹤的作品中，在其笔下的人物及作者的观照中，这种意义上的伦理意识是极为缺乏的。诚然，他对人的品位的高或低、心地纯洁或龌龊、聪明或愚蠢，都不断地加以品味、鉴别和批评，这也是不可否认的。在这一意义上，我们也不能轻视西鹤创作的伦理价值。但尽管如此，上述的缺乏狭义上的伦理要素的结论仍然是成立的。在他的作品中，天生俊美的男女只按照美的冲动而行动，而作者对这种美也抱有充分的理解态度。但这些人物对于广阔的人生——甚至对自己的恋人——都没有严格的伦理意义上的责任感，不仅如此，作者也极其宽容地忽略了这种无责任感。然而，一个人所能够拥有的整体人生与伦理责任的观念是极其深刻、广阔的，西鹤的文学迫不得已地没有朝这个方向发展。后世的小说或戏剧常用甚至滥用的"腻烦"[1]的动机，在西鹤的作品中是完全找不到的。这种主题的缺乏表明西鹤对那样的恋爱是不抱同情的。西鹤作品中恋爱的矛盾和危机往往来自对方的变心和外在的因素（特别是经济上的因素），还有当事人的愚蠢行为，而几乎没有那种基于内在绝望的恋爱的亢进和悲剧的主题。激情的恋爱是对外来压迫的反抗，是对自我的伸张，这一点使西鹤的作品绝不缺乏悲剧性，但这种外来压迫很少是基于人物自身道德意识的内在的矛盾纠葛，这又使西鹤的作品缺乏戏剧性。由于这样的局限性，使得西鹤对人生的看法中缺乏狭义上的伦理要素。在《好色五人女》中，箍桶匠与阿选的故事，还有装裱店的阿山的故事[2]，都能说明这一点。

如此说来，在西鹤的恋爱观中，难道没有意识到恋爱和恋爱

---

[1] 腻烦：原文"愛想づくし"，这里指女方不爱男方，而以牺牲自己的方式中断关系。
[2] 见《好色五人女》卷二、卷三。

之外的那些更广阔、更强大的东西之间的联系性吗？如果说竟然还有这样的恋爱观，那岂不是奇谈怪论吗？无论他描写的恋爱是如何的激情和陶醉，他对恋爱的本质是如何加以冷静地洞察，假如他没有那种联系性的意识，那么就可以说他的作品差不多就是诲淫的作品吧。我当然认为西鹤作品中有联系性的意识，我只是想说西鹤的创作超出了伦理意识。既然如此，那么我们应该从哪里看出这种联系性呢？我可以举出三点，来说明西鹤的恋爱描写与整体人生的广泛而又深刻的联系。第一是对于心性之美的敏感与欣赏，第二是写命运的不可思议，第三是涉及了经济的领域。

关于第一点，我在上文中已经说过了，现在谈第二点。所谓"命运"，就是个人及社会集团，与自然及超自然的力量相互关系所产生的一切因果。一般说来，与生俱来的人的性格，包围着个人而又与个人若即若离的社会力量，都是影响命运的重要因素，但在这里我要预先声明，我将这些因素暂且排除在外。我想说的，是在自然的和社会的因果律看来不可思议的东西，就是由人的善业恶业而造成的因果报应，由精神力决定的善灵恶灵之类，从物理学上说就是大自然，这些因素在对人产生作用的时候，造成了各种各样出乎意料的结果，这些偶然的结果是任何社会条件下都会发生、任何人都难以摆脱的生死无常之相，就是这些东西构成了命运的主要部分。面对这样的命运，西鹤有时怀着恐怖，有时带着惊异，有时又怀着虔敬的感情。当然，也有像他在《本朝二十不孝》中所描写的那些肤浅的因果报应的故事，还有像那位死去的太夫显灵，在因为玩够了而厌弃今生的看破红尘者面前说的那些玩笑话（《好色二代男》卷四《参拜七墓逢故人》）。这类描写出现在西鹤的作品中，对于人物情节的发展具有重要作用，我们不能仅仅把这个视为小说写作的技巧。

西鹤以真挚的感情所观察的不可思议的东西，就是人生的偶然性和无常。这两种不能为人所左右的东西，也出现在人类最热烈的恋爱中。不顾一切倾心相爱、相互依赖的恋人，却出乎意料地为不可思议的力量所干扰，令人束手无策。像"但马屋的七百两金子放错了地方"这样的偶然事件，使得清十郎身陷囹圄并最终被斩杀于刑场。[1] 而去邻居家帮工的阿选，因为邻居家的主人偶然失手使罐子从搁物架子上落下，弄乱了阿选的头发，而使女主人醋意大发、破口大骂，而阿选心想："既然那女人让我背上恶名，不如先下手为强，来真的算了！"这位原本相夫教子的模范主妇终于与那男人私通，被发现后当场自杀，尸体被游街示众。[2] 都是跌落可怕的命运的陷阱而断送了人生。

再举一个"若道"的例子。因恋爱而身无长物只剩一把短腰刀的岛村太右卫门，在河里来回游泳的时候，被远处的人误认为是河上的鸟儿而遭射杀（《男色大鉴》卷一）。"人命无常"——

---

[1] 见《好色五人女》卷一。
[2] 见《好色五人女》卷二。

西鹤除了这句话之外，对这些偶然的东西不发表一句评论，而只管描写。他似乎听到了在这无常的人生的深处，那不可思议的黑暗的力量在咆哮。软弱无力的人，强大无比的命运，纵然爱的力量不弱，但把这恋爱放在这个背景下描写的时候，热烈的爱恋、执拗的好色，结果都被吸入那无常的背景中了。"人如同落日，谁也不能不沉入地底。"《好色一代男》越接近结尾越浓厚的无常观，在世之介狂热的好色的一生中，似乎吹进了一丝晚秋的清冽凉风。

《好色五人女》中有这样一段描写："其中，有一件黑鸟羽的双层长袖和服，上有梧桐树与银杏树的比翼纹，红绸里子，山道形的镶边，薰过的香味犹存。阿七被此打动了心。她想，'是怎样一个贵小姐夭折了呢？大概是把这作为遗物，送到这座寺庙里的吧？'她不由联想到自己的年龄，深深地可怜那小姐。由这位不曾相识的人，她悟到了人世无常，'想来，人生似梦，活着与世无争，只有祈求来世了'。她这样心情忧郁地沉思着。打开母亲的念珠袋，把念珠捧在手上，专心地念佛。正在这时，一个相貌端正的后生，一只手拿着镊子，全神贯注地拔取扎在食指上的刺儿。时近黄昏，他把拉门打开，还是拔不出来，颇感苦恼。"这位小伙子就是这样偶然地出现在阿七面前。[1] 这种把恋爱与无常联系在一起加以描写的主要动机，在开篇第一章就已经显示出

---

[1] 见《好色五人女》卷四。

来了，这里体现了西鹤文章中最美的部分所呈现出的独特的谐调——在华丽的叙事背后，贯穿着"寂"[1]的柔婉风格[2]，还有作者发自内心深处的那种思考和观察，都自然而然地表现了出来。恋爱就仿佛"梧桐银杏树上的叶子"，是为了被秋风吹落而准备的。

当然，这种无常观是不能与"若不死就永远相伴"（《好色一代男》卷七）的积极态度混为一谈的。在西鹤那里，无常驱动着人们去享乐，无常像朝霭夕雾一样自始至终笼罩在恋爱之上。"一寸之前是黑暗，性命就在露水间，浮世难测明天事，只管一路往前赶。"（《东海道名胜记》），这种想法并不只是江户时代才有，早在妓院出现的时候就已经有了，在这一点上，西鹤只不过是追随时流而已。然而，"所有的爱恋，都是悲哀，都是无常，都是梦魇，都是虚幻"（《好色五人女》卷四），从这一立场来描写人生，显然是西鹤这位"粹法师"[3]的一项崭新的事业。西鹤远远地超过了江户时代的那些虽然采用同一主题但发掘并不深的前辈作家，他让"物哀"的传统在新时代重新复活，并且在这方面，他与乍看上去似乎截然不同的松尾芭蕉是殊途同归的，他们两人都把恋爱和人生置于"无常"中加以观察，芭蕉在连歌俳句

---

[1] 寂：日语假名作"さび"，日本传统美学的基本概念之一，是一种洒脱、超越、寂静、枯涩、黯淡、陈旧、空灵、恬淡之美。
[2] 例如《好色五人女》卷五之二《捕鸟一少年，生命何脆弱》开头的文字。
[3] 粹法师：原文"粹法师"，"风流法师"之意。

中观察和表现世相，西鹤的文章则着眼于自然描写的风韵，这一点是读者所不可否定的。

3

现在接着说第三点，就是西鹤如何在恋情描写中涉及经济方面的描写。在这一点上，西鹤与松尾芭蕉截然不同。诚然，芭蕉也写了一些与经济有关的俳谐，如"房子卖出去了，怀念那里的纸拉门和席子""大米的价钱，扶摇直上""到了霜降季节，劈柴便宜了""在京城过日子，要精打细算""下了轿子，要付钱"等，这些情景的描写在芭蕉作品中很多，颇带有西鹤的味道，但是我们仍然应该说，芭蕉对经济生活的观察是粗略的，而西鹤对人生与经济之间的关系却是有着深刻理解的，并将这些题材写进作品中，从而与"御伽草子"[1]式的不着边际地加以虚构的"假名草子"分道扬镳，独创了那个时代任何作家都未染指的崭新的文学样式。在这方面，虽说近松门左卫门也独辟蹊径，但他也算是西鹤的一个追随者，而且是一个在深度把握上无人企及的追随者。文学创作在这方面的开拓当然是由当时的社会状况本身所决定的，但文

---

[1] 御伽草子：室町时代到江户时代初期流行的带有启蒙性、娱乐性的故事，多为短篇。

学绝不是社会状况的简单反映。西鹤的《世间胸算用》[1]之所以代表了一种文学样式，是因为作者在经济生活这一人生重要方面的描写中，向读者展示了人的精神世界的种种或明或暗的表现。

可以说，西鹤最显著的贡献，是将町人的世界赋予了一种精神。"人是一种长出手脚满足欲望的生物"（《好色二代男》卷三）；"人生第一要事，莫过于谋生之道。且不说士农工商，还有僧侣神职，无论哪行哪业，必得听从大明神的神谕，努力积累金银。除父母以外，金银是最亲近的"（《好色一代男》卷一）；"居家过日子，最希望拥有的，比起梅、樱、松、枫来，金银米钱更为重要；比起院子的假山，更重要的是家中仓库殷实，四季家用充足，这才是人间天堂之乐"（《好色一代男》卷一）。这种欲求和金银米钱，与人生至关紧要，那些最没有功利计较的恋爱也受这些条件的深刻影响。西鹤把恋爱置于经济生活中，并且表现了恋爱与经济生活之间的种种关涉。在他看来，除了上述的特殊意义上的命运的因素之外，经济状况是人生中最有可能支配恋爱的重要因素。

当然，恋爱与经济状况的关系也有深有浅。《男色大鉴》的前半部分所描写的武士与武士之间的同性恋的"若道"，《好色五人女》中的普通良家妇女的恋情，受经济因素的影响最小。但是，

---

[1] 《世间胸算用》：可译为《处世费心思》。

在《好色二代男》后半部分所描写的客人与男性俳优之间的关系，就是一种金钱买卖关系了。更不用说西鹤常写的美妓与风流嫖客之间的处在中心地带的恋情，都有着一套复杂的风俗习惯，讲究体面，因而是最需要金钱来支撑的。

……[1]

---

[1] 以下第37—45节，论述近松门左卫门的戏剧以及近松之后的戏剧家们的创作，与"意气"及色气论关系不大，故略而不译。

译后记

本书初版于2012年，题为《日本意气》。关于什么是"意气"，导读中交代甚详，此次再版时，根据"一页"责编的提示，将"意气"改为"色气"，书名为《日本色气》。

"意気"（いき）和"色気"（いろけ）这两个词在日语中是不同的两个词，但又密切关联。正如我在导读中所说，"色气"是从"意气"中派生出来的概念，它是"意气"的具体的显现，更多地体现在男女交际交往中。中国读者看到"意气"两个汉字，一时难以按日语中的特定含义去理解，但是一看到"色気"（いろけ）这个词，也许就会直观地体会出日本美学的特殊蕴含。日本辞书对"色気"的释义一般是：1.色调；2.可爱之处、风情；3.性感魅力。这些都是"意气"的表征。

特作如上说明。

王向远

2019 年 4 月 24 日

"人如同落日,谁也不能不沉入地底。"

——《好色一代男》

一页 folio

始于一页，抵达世界

Humanities · History · Literature · Arts

出品人　范新　柳漾

监制策划　恰恰

特约编辑　徐露

版权总监　吴攀君

印制总监　刘玲玲

装帧设计　COMPUS·汐和

内文制作　陆靓

Folio (Beijing) Culture & Media Co., Ltd.
Bldg. 16-B, Jingyuan Art Center,
Chaoyang, Beijing, China 100124

官方微博：@一页 folio ｜ 官方豆瓣：一页 folio ｜ 联系我们：rights@foliobook.com.cn

一页 folio
微信公众号

图书在版编目（CIP）数据

日本色气 /（日）九鬼周造，（日）阿部次郎著；王向远译 .—北京：北京联合出版公司，2019.8（2020.3 重印）
（日本美学关键词）
ISBN 978-7-5596-3470-2

Ⅰ. ①日… Ⅱ. ①九… ②阿… ③王… Ⅲ. ①审美文化－研究－日本 Ⅳ. ① B83-093.13

中国版本图书馆 CIP 数据核字 (2019) 第 152032 号

日本色气
Nippon Iroke

作　　者：（日）九鬼周造　阿部次郎
译　　者： 王向远
责任编辑： 管　文
特约编辑： 徐　露
装帧设计： COMPUS·汐和

北京联合出版公司出版
(北京市西城区德外大街 83 号楼 9 层　100088)
北京联合天畅文化传播公司发行
北京华联印刷有限公司印刷　新华书店经销
字数 180 千字　787 毫米 ×1092 毫米　1/32　9.25 印张
2019 年 8 月第 1 版　2020 年 3 月第 4 次印刷
ISBN 978-7-5596-3470-2
定价：63.00 元

版权所有，侵权必究
未经许可，不得以任何方式复制或抄袭本书部分或全部内容
本书若有质量问题，请与本公司图书销售中心联系调换。电话：(010) 64258472-800